U0270818

红壤区土壤侵蚀地图集

王天巍 李忠武 史志华 著

科学出版社

北 京

内 容 简 介

本书系国家重点研发计划"南方红壤低山丘陵区水土流失综合治理"项目（2017YFC0505400）重要成果，系统全面地展示了自然与人为交互作用下，1985～2015年南方红壤低山丘陵区土壤侵蚀演变过程和驱动因素，进而提出了面向生态功能恢复的水土流失优化防控区划方案。图集内容主要分为四部分：水土流失演变规律图组、水土流失人为贡献图组、水土保持措施分布图组、水土流失防控区划图组。

本书体系完善，内容翔实客观，可供水土保持、生态环境、水利、国土资源、农业等相关行业从事规划设计、管理评价的技术人员阅读使用，也可作为水土资源保护等相关研究领域的基础资料或相关专业师生以及社会公众的参考读物。

审图号：GS京（2022）0114号

图书在版编目(CIP)数据

红壤区土壤侵蚀地图集/王天巍，李忠武，史志华著.--北京：科学出版社，2022.6

ISBN 978-7-03-072363-5

Ⅰ.①红… Ⅱ.①王…②李…③史… Ⅲ.①红壤－土壤侵蚀－中国－图集Ⅳ.①S157-64

中国版本图书馆CIP数据核字(2022)第089196号

责任编辑：周 丹 洪 弘 / 责任校对：杨聪敏
责任印制：师艳茹 / 封面设计：许 瑞

科 学 出 版 社 出版

北京东黄城根北街 16 号
邮政编码：100717
http://www.sciencep.com

北京九天鸿程印刷有限责任公司 印刷

科学出版社发行 各地新华书店经销

*

2022年6月第 一 版 开本：787×1092 1/8
2022年6月第一次印刷 印张：14
字数：320 000

定价：298.00元

（如有印装质量问题，我社负责调换)

序

土壤侵蚀是发生在地球陆地表面自然与人文交互耦合的复杂地理过程。人类活动对土壤和地表物质的剥离和破坏增大了侵蚀发生的强度和速度，并使其在原来的地质侵蚀基础上加速发展。土壤侵蚀现已成为导致土地退化和生态系统服务功能受损的全球性生态环境问题，对土地生产力和区域可持续发展构成了严重威胁。

我国疆域广阔，地质构造复杂、地貌类型多样，分明的气候特征和多样化的生产生活方式导致水土流失类型复杂、面广量大。其中，南方红壤区属于典型的水力侵蚀区，伴有局部地区崩岗发育。该区域水土流失具有多点零星分布、隐蔽性强、崩岗和林下侵蚀严重、新增水土流失加剧等特点。南方红壤区是热带亚热带经济林果、粮食及经济作物的重要生产基地，控制该区域的水土流失对维持生态平衡，确保粮食安全和经济增长具有重要意义。

在国家重点研发计划"南方红壤低山丘陵区水土流失综合治理"项目（2017YFC0505400）的支持下，史志华教授领导团队通过定位监测、异源观测数据融合以及遥感反演等方法开展了南方红壤区土壤侵蚀规律和驱动力研究，构建了南方红壤区水土流失防控区划技术体系，取得了一系列研究成果和科学数据。《红壤区土壤侵蚀地图集》图文并茂地展示了南方红壤区水土流失时空格局及演变过程，剖析了自然因子和人类活动对区域水土流失格局演变的影响，反映了不同时期水土流失的特征和驱动机制，是对区域尺度水土流失演变规律及自然和人为要素影响机理研究的重要补充，具有理论创新性。该图集还展示了面向生态功能恢复的水土流失优化防控区划方案，为分区治理方案的制定和实施提供了科学依据。

这是一本较为系统地反映区域性土壤侵蚀状况及其演变，剖析演变过程中的驱动因素，进而提出防控区划方案的地图集，是一本图文并茂、逻辑性强、体系完善、具有实践指导意义的图集。我欣喜并祝贺《红壤区土壤侵蚀地图集》的出版，相信其对我国水土保持及相关学科的研究和发展、对红壤区水土流失治理与生态产业发展具有重要意义。

是为序。

傅伯杰

2022 年 4 月 1 日

前言

  土壤是一切陆地生命的根本，健康的土壤被认为是农业发展必不可少的首要资源，为人类提供包括食物、纤维、清洁水和空气在内的生存必需品。土壤侵蚀作为一种重要的土地退化过程已成为一个世界性的问题，它会导致与耕作制度密切相关的土壤基本属性的丧失，进而增加生产成本。同时，土壤侵蚀会威胁自然资源和环境的可持续性，是发展中国家农业可持续发展的巨大威胁。2010~2012年开展的第一次全国水利普查结果显示，我国水力侵蚀、风力侵蚀、冻融侵蚀总面积达到361.01万km^2，占全国普查总面积的38.10%。

  南方红壤低山丘陵区位于中国大陆东南部（107°50′~112°51′E，21°48′~31°06′N），北起长江中下游平原，西至巴山、巫山，云贵高原东部边缘为其西南边界，东南直达海域诸岛，囊括江西、福建、浙江、安徽、湖北、湖南、广西、广东的全部或部分地区，总面积约80万km^2。该区域地形以丘陵和低山为主，属于亚热带湿润季风气候，年平均气温11~23℃，年平均降水量达800mm以上，但降雨和光热资源存在分布不均匀的现象。红壤是该区域最主要的土壤类型，分布范围约占总面积的51%。研究区位于胡焕庸线右侧，区域经济实力雄厚，农耕历史悠久。作为中国对外开放和城镇化步伐最快、人口最密集的区域，它在满足日益增长的生存需求方面面临巨大压力。

  南方红壤低山丘陵区脆弱的丘陵生态系统在维持中国生态系统服务功能中具有重要地位。该区作为中国主要农业区域之一，水蚀性土壤侵蚀分布范围广，还存在特殊的侵蚀形态——崩岗。多山地的地表促使农民开垦坡耕地和发展山地经济林产业，山坡自然景观的转变改变了原有坡地植被类型和微地形，降低了地表维持水土的生态系统服务功能。人类活动造成的水土流失是南方红壤低山丘陵区土壤退化的主要原因。国家级水土保持重点区中有5个位于南方红壤低山丘陵区，减轻南方红壤低山丘陵区的水土流失具有国家层面的生态战略意义。经过大规模的生态工程实施，该区水土流失治理已取得阶段性成效。目前该区域水土流失面积扩张已经基本得到遏制，正处于从水土流失综合治理转向生态系统服务功能提升的新阶段。由于区域环境的特殊性和生态恢复的复杂性，区域水土流失演变机制尚模糊，治理模式也亟须提升区域针对性。

  针对南方红壤低山丘陵区水土流失分布广泛，局地崩岗发育严重的问题，国家重点研发计划"南方红壤低山丘陵区水土流失综合治理"项目（2017YFC0505400）设置"红壤低山丘陵区水土流失演变规律与驱动机制"（2017YFC0505401）课题，利用遥感反演和多源观测数据融合的水土流失动态评价方法，研究近30年南方红壤低山丘陵区水土流失空间格局的演变过程，阐明水土流失演变的社会关键驱动因子；研究现有典型水土流失治理措施和模式对水土流失演变的作用－响应机理，探讨水土流失治理与生态服务功能的互馈关系；建立多因子耦合的水土流失防控区划指标体系，借助数理统计方法及不确定理论和模型优化指标权重，构建南方红壤低山丘陵区水土流失防控区划方案。基于"红壤低山丘陵区水土流失演变规律与驱动机制"（2017YFC0505401）课题研究成果编制完成的《红壤区土壤侵蚀地图集》，可为南方红壤低山丘陵区水土流失科学治理和生态系统服务功能提升提供参考。

在图集的编制出版过程中，国家重点研发计划"南方红壤低山丘陵区水土流失综合治理"项目（2017YFC0505400）的相关课题组成员付出了辛勤的劳动，参与本图集内容编制的主要单位湖南大学、华中农业大学、国际泥沙研究培训中心等给予了极大的支持，项目组织管理部门提供了及时有效的指导。项目首席史志华教授对本图集进行了认真的审查，并提出了宝贵的意见。在此，一并表示诚挚的感谢。

由于作者水平有限以及数据精度等方面的限制，其中难免有不足之处，恳请大家批评指正，我们将不胜感激。

作　者

编 制 说 明

●总体设计

1. 任务

为了系统总结和全面展示"红壤低山丘陵区水土流失演变规律与驱动机制"课题的研究成果，特编辑《红壤区土壤侵蚀地图集》（以下简称《图集》）。

《图集》成果将为研发集成地表径流调控、土壤肥力提升、植被功能恢复、水土资源协调和景观结构优化为一体的系列技术方法提供重要的数据支撑。同时，提出了面向生态功能恢复的水土流失优化防控区划方案，将为区域分区治理方案的制定和实施提供科学依据，为政府管理部门制定水土流失治理与生态产业发展策略、实施科学综合决策提供支持。

2. 目标

《图集》将以图为主要形式，系统地显示南方红壤低山丘陵区土壤侵蚀形成、空间分布与历史演变，以及水土保持措施分布和水土流失防控区划。

●内容与结构

1. 内容

《图集》共有地图 142 幅，由四部分构成：

水土流失演变规律图组；

水土流失人为贡献图组；

水土保持措施分布图组；

水土流失防控区划图组。

2. 结构

《图集》开本设计为 8 开，成书尺寸为 260mm×370mm，双面印刷。制图区域根据研究范围分为四个层次：红壤区、典型省、典型县及典型小流域。

●编制与出版

1. 编制过程

《图集》编制过程总体分为四个阶段：

总体设计与规划；

图件构思与绘制；

图集编排与评审；

图集印刷与出版。

2. 图件编稿格式

《图集》编稿统一采用数字制图方式进行。投影方式选取双标准纬线等面积圆锥投影，双标准纬线 $N\varphi_1=25°$，$N\varphi_2=47°$，中央经线为 117°E。图形数据格式为 ESRI grid。

红壤区
土壤侵蚀地图集

●资料说明

1. 气象数据

本图集收集了全国 730 个气象站点 1955 ～ 2015 年地面气象站定时观测资料，来源于中国气象网（http://www.cma.gov.cn/）、国家气象科学数据中心（http://data.cma.cn/），通过数据质量审核，确定了南方红壤低山丘陵区内及周边共 298 个气象站数据。分别采用普通克里金法和基于 DEM 数据的协同克里金法进行降雨量和气温的插值，并进行滑动平均处理，获得区域 30m 分辨率的气象数据。

2. 遥感数据

NDVI 数据集包含两种数据源，分别为 GIMMS AVHRR NDVI（1985~1999 年）和 MODIS MYD 13Q1（2000~2015 年）。分别对两个数据源进行投影、校正、拼接等预处理，并通过一致性检验和处理得到 1985~2015 年 NDVI 数据集。

对来源于 Landsat 系列卫星上 MSS/TM/ETM 传感器的 721 景遥感影像完成预处理，通过野外建立解译标志、室内人机交互目视解译、实地复核等流程获得区域 1985~2015 年 30m 分辨率的土地利用图，将土地利用类型分为了耕地、草地、林地、建设用地、水域、未利用地 6 个一级类及 25 个二级类。

3. 地形数据

地形数据从 2009 年 6 月 29 日 V1 版 ASTER GDEM 数据中提取，空间分辨率为 30m。

4. 土壤数据

土壤数据来源为中国科学院南京土壤研究所提供的第二次全国土地调查成果，比例尺为 1:100 万，投影为 WGS1984，采用的土壤分类系统主要为 FAO-90。收集了广东、广西、湖南、湖北、安徽、浙江、江西、福建 8 省第二次土壤普查的土种志和土壤类型图资料，整理细化了 8 省 1178 个土壤剖面数据，对于缺失的数据以及各省土壤类型图，由中国土种数据库中得到；通过扫描和数字化各省土壤类型图，得到 8 省土壤类型图的矢量数据。

5. 基础地理数据

基于国家测绘局测量和转绘生成的 1:100 万国家基础行政边界数据，依据《全国水土保持区划（试行）》中对江南山地丘陵区、浙闽山地丘陵区、南岭山地丘陵区的划分提取南方红壤低山丘陵区边界。

6. 水土保持数据

区域与省域尺度：2010 年第一次全国水利普查水土保持普查分县数据、《中国水土保持公报》和《水土保持情况普查报告》；

县域尺度：县域各项水土保持综合治理工程各项措施完成情况统计数据与措施布设图；

小流域尺度：小流域各项水土保持综合治理工程措施布设图。

7. 社会经济数据

社会发展、农业结构、经济产出等数据来源于《第二次全国农业普查主要数据公报》《中国综合农业区划》，各省、市、县统计年鉴和《中国农村统计年鉴》。

目录

基础地图图例

⦿　省级行政中心

◎　地级行政中心

⊙　县级行政中心

○　乡、镇、街道

○　村庄

▲　山峰

—·—·—·—·—　国界

—｜—｜—｜—｜—　未定国界

—·—·—·—·—　省界

——————　特别行政区界

------------　地级行政区界

············　县级行政区界

————　高速铁路

————　铁路

————　高速公路

————　国道

————　省道

————　县道

————　其他公路

湖泊、河流

红壤区
土壤侵蚀地图集

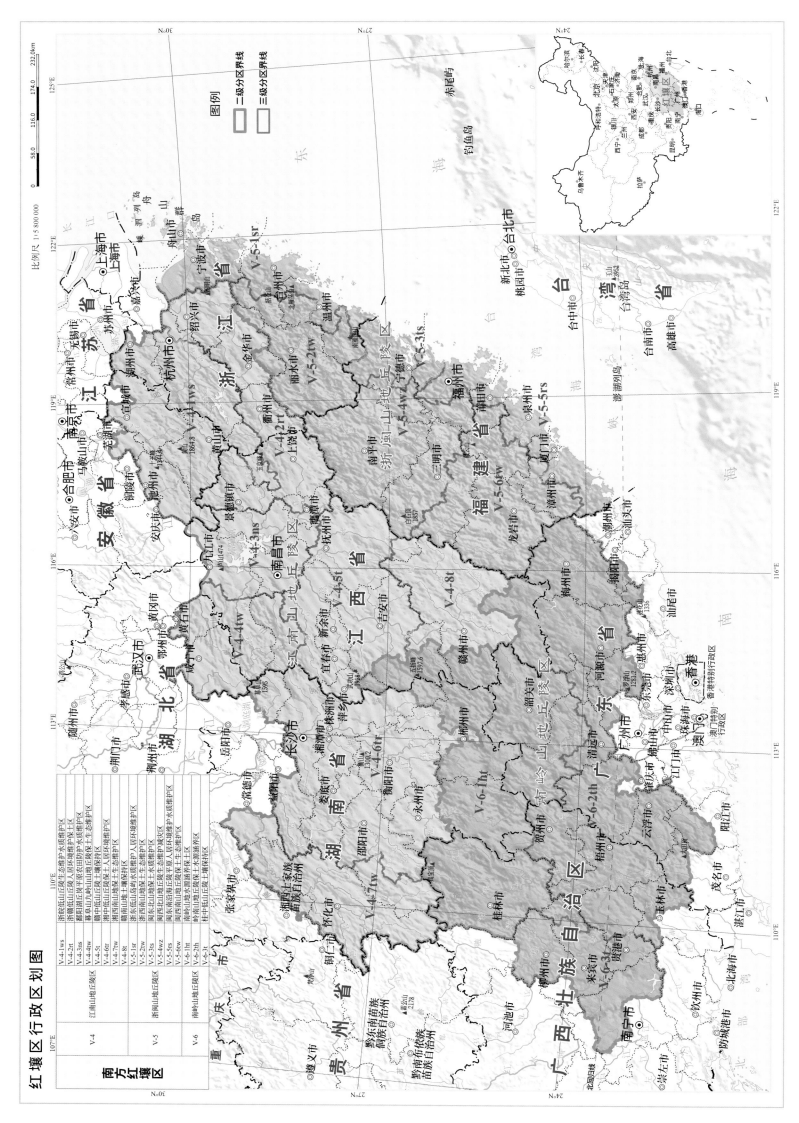

第一部分

水土流失演变规律图组

说　明

南方红壤低山丘陵区位于中国大陆东南部（107°50′~112°51′ E，21°48′~31°06′ N），总面积约为 80 万 km²。在综合分析南方红壤低山丘陵区主要土壤类型、地形地貌特征、主要耕作制度、气候分布特点、水保措施实施概况的基础上，选取多个典型小流域开展土壤侵蚀调查监测与模拟，确定了水土流失计算模型（CSLE）与模型中 R、K、LS、B、E、T 关键水蚀因子的算法参数。基于计算结果，本图集系统地编制了水土流失演变规律图组，包括关键水蚀因子图件和土壤侵蚀强度等级图件。

1 土壤侵蚀量计算

采用中国土壤流失方程 CSLE（Chinese soil loss equation）[1] 计算南方红壤低山丘陵区 1985~2015 年土壤侵蚀模数，模型具体形式如下式：

$$M = R \cdot K \cdot LS \cdot B \cdot E \cdot T$$

式中，M 为水力侵蚀模数 [t/(hm²·a)]；R 为降雨侵蚀力因子 [MJ·mm/(hm²·h·a)]；K 为土壤可蚀性因子 [t·hm²·h/(hm²·MJ·mm)]；LS 为坡度坡长因子；B 为生物措施因子；E 为工程措施因子；T 为耕作措施因子，均无量纲。

对模型计算的土壤侵蚀模数结果，依据水利部发布的《土壤侵蚀分类分级标准》（SL 190—2007）划分为微度侵蚀、轻度侵蚀、中度侵蚀、强烈侵蚀、极强烈侵蚀和剧烈侵蚀共 6 个侵蚀等级。

2 关键水蚀因子计算

2.1 降雨侵蚀力因子（R）

降雨侵蚀力因子（R）是准确提取区域水土流失信息的关键因子，表示雨滴击溅和径流冲刷引起土壤侵蚀的潜在能力。基于气象站点监测数据，对研究区内及周边共 298 个站点结合下式计算年降雨侵蚀力因子：

$$R = \sum_{i=1}^{12} 0.179 P_i^{1.5527}$$

式中，R 为年降雨侵蚀力因子 [J·cm/(m²·h)]，需乘 10^{-1} 转换为 [MJ·mm/(hm²·h·a)]；P_i 为月降雨量（mm）。

对各站点降雨侵蚀力结果采用克里金法空间插值得到 30m 空间分辨率的降雨侵蚀力因子。

2.2 土壤可蚀性因子（K）

土壤可蚀性因子（K）是描述土壤抵抗雨滴打击分离土壤颗粒和径流冲刷能力的指标。以土种属性为基础，采用的指标包括表层土壤有机质含量、机械组成、土壤渗透等级和结构等级。采用侵蚀影响生产力（erosion-productivity impact calculator，EPIC）模型[2] 计算 164 个土类的 K 因子数据和 30m 空间分辨率的土壤可蚀性因子：

$$K = 0.1317 \left\{ 0.2 + 0.3 \exp \left[-0.0256 \text{SAN} \left(1 - \frac{\text{SIL}}{100} \right) \right] \right\} \times \left(\frac{\text{SIL}}{\text{CLA} + \text{SIL}} \right)^{0.3} \times \left[1 - \frac{0.25C}{C + \exp(3.72 - 2.95C)} \right]$$

$$\times 1 - \left[\frac{0.7\text{SN1}}{\text{SN1} + \exp(-5.51 + 22.9\text{SN1})} \right]$$

式中，K为土壤可蚀性因子，单位为[t·hm²·h/(hm²·MJ·mm)]；SAN、SIL、CLA和C分别为砂粒（0.050~2.000mm）、粉粒（0.002~0.050mm）、黏粒（<0.002mm）和有机质含量（%），SN1=1−SAN/100。

2.3 坡度坡长因子（LS）

坡度坡长因子（LS）定量反映了坡度/坡长与土壤流失量之间的关系。在对 ASTER GDEM V2 数据进行填洼和汇流路径分析的基础上，辅以水系分布数据计算累积汇流长度，在 MATLAB 中基于双向遍历算法实现，得到 30m 分辨率坡度坡长因子，计算公式如下：

$$LS=(L/72.6)^m\times(65.41\sin\theta+4.56\sin\theta+0.065)$$

式中，LS 是坡度坡长因子；L 是坡长（m）；θ 是坡度（°）；m 是坡长指数，随坡度而变。

2.4 生物措施因子（B）

$$m = \begin{cases} 0.2, & \theta < 0.57 \\ 0.3, & 0.57 \leqslant \theta < 1.72 \\ 0.4, & 1.72 \leqslant \theta < 2.86 \\ 0.5, & 2.86 \leqslant \theta \end{cases}$$

生物措施因子（B）是指覆盖与布设生物措施条件下土壤流失量与同等条件下清耕休闲的土壤流失量之比。本图集中生物措施计算是基于遥感和地面调查相结合的方法。通过遥感反演 NDVI 指数，结合流域野外调查建立的不同植被区 NDVI 与植被盖度的关系模型，反演研究区多年植被盖度的变化。通过查阅文献和多个径流小区观测数据，确定了不同土地利用类型对应不同植被覆盖度下的生物措施因子值，另外，依据"第一次水利普查成果丛书"[3]中的赋值规则，对农田的水土保持效应，在生物措施因子中予以调整，其中水田赋值为 0、耕地赋值为 1、居民地赋值为 0，得到 30m 空间分辨率的生物措施因子。

2.5 工程措施因子（E）

工程措施因子（E）反映水土保持工程措施对于水土保持的效用。采用水土保持工程数据结合水保投入数据进行估算。其中水土保持工程数据以各省的水土保持公告数据作为计算基础。对于缺失数据的年份，从已有的公报面积进行两年差值的统计，并结合《中国水土保持公报》中的水保投入数据进行合理外推。各类工程措施因子值参考"第一次全国水利普查成果丛书"[3]中水土保持工程措施因子赋值表；对于工程措施数量没有具体到县市的个别省份，采用全省统计总值进行基于面积的加权平均估算。

2.6 耕作措施因子（T）

耕作措施因子（T）反映水土保持耕作措施对于水土保持的效用。结合全国农业区划委员会编制的《中国综合农业区划》，根据遥感解译和地面调查获取的土壤侵蚀地块属性表的"耕作措施轮作区代码"字段值，查"第一次全国水利普查成果丛书"[3]中耕作措施轮作措施赋值表获取耕作措施因子值。

3 崩岗发生风险等级评价

结合气象、地形、地质、植被等环境背景数据，进行基于 Meta 分析的崩岗关键触发因子提取及其阈值的确定，进而探究崩岗发育形成机理。在各关键触发因子数据整合的基础上，应用等距离分级法对各触发因子进行级别划分。建立信息量模型，计算各因子对崩岗发生的贡献率，构建风险评价体系，完成研究区崩岗发生风险评价。

参考文献

[1] Liu B Y, Zhang K L, Xie Y. An Empirical Soil Loss Equation[C]// 第 12 届国际水土保持大会 (Proceedings 12th International Soil Conservation Organization Conference), Process of Erosion and Its Environmental Effects. Tsinghua University, Beijing, 2002: 21-25.

[2] Sharpley A N, Williams J R. ePIC-Erosion/productivity impact calculator: 1.Model documentation[J]. U.S. Department of Agriculture Technical Bulletin No. 1768.1990: 235.

[3] 《第一次全国水利普查成果丛书》编委会 . 水土保持情况普查报告 [M]. 北京：中国水利水电出版社，2017: 1-224.

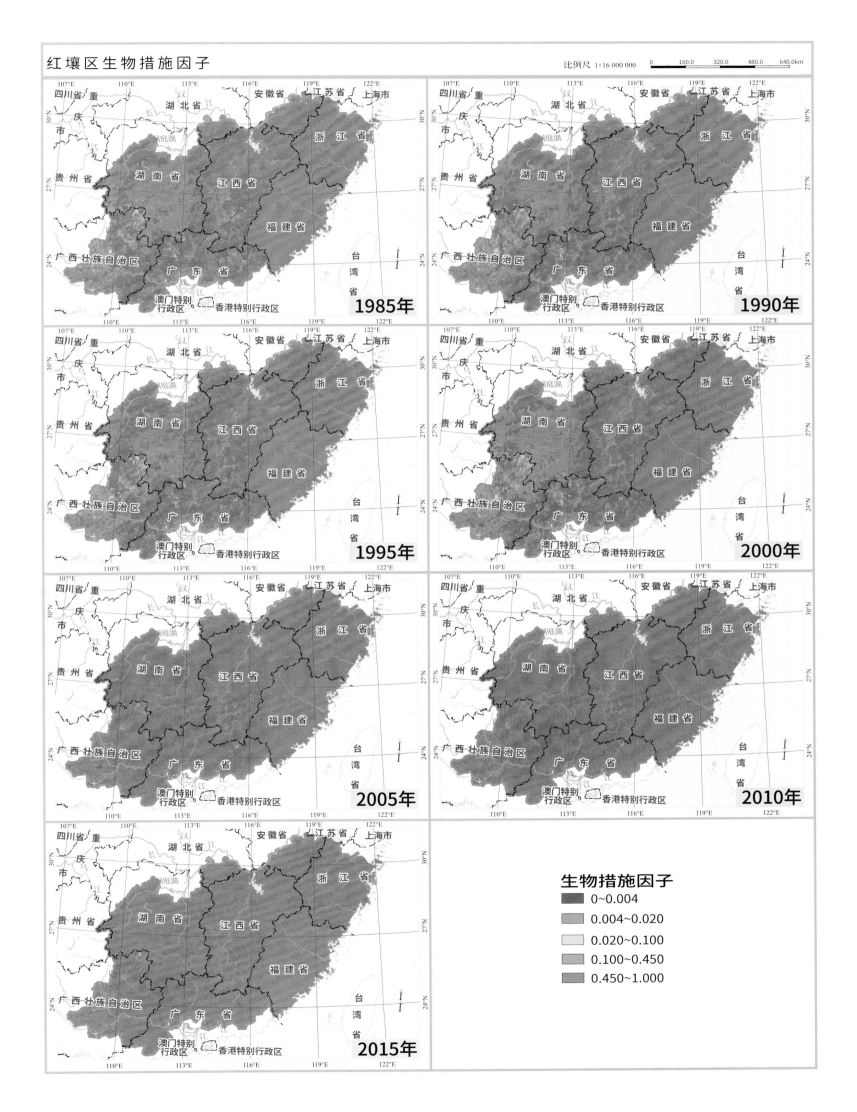

红壤区生物措施因子

比例尺 1:16 000 000

1985年

1990年

1995年

2000年

2005年

2010年

2015年

生物措施因子
- 0~0.004
- 0.004~0.020
- 0.020~0.100
- 0.100~0.450
- 0.450~1.000

红壤区
土壤侵蚀地图集

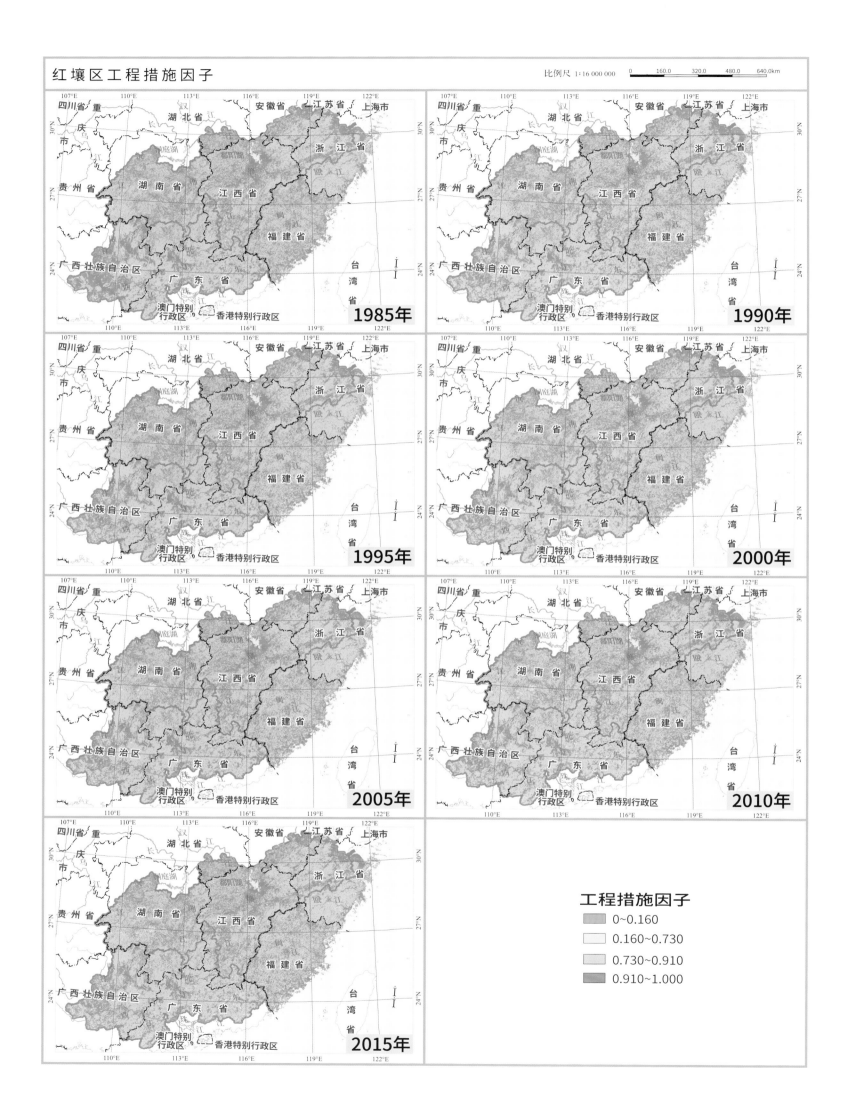

红壤区工程措施因子

比例尺 1:16 000 000

工程措施因子
- 0~0.160
- 0.160~0.730
- 0.730~0.910
- 0.910~1.000

红壤区耕作措施因子

比例尺 1：16 000 000

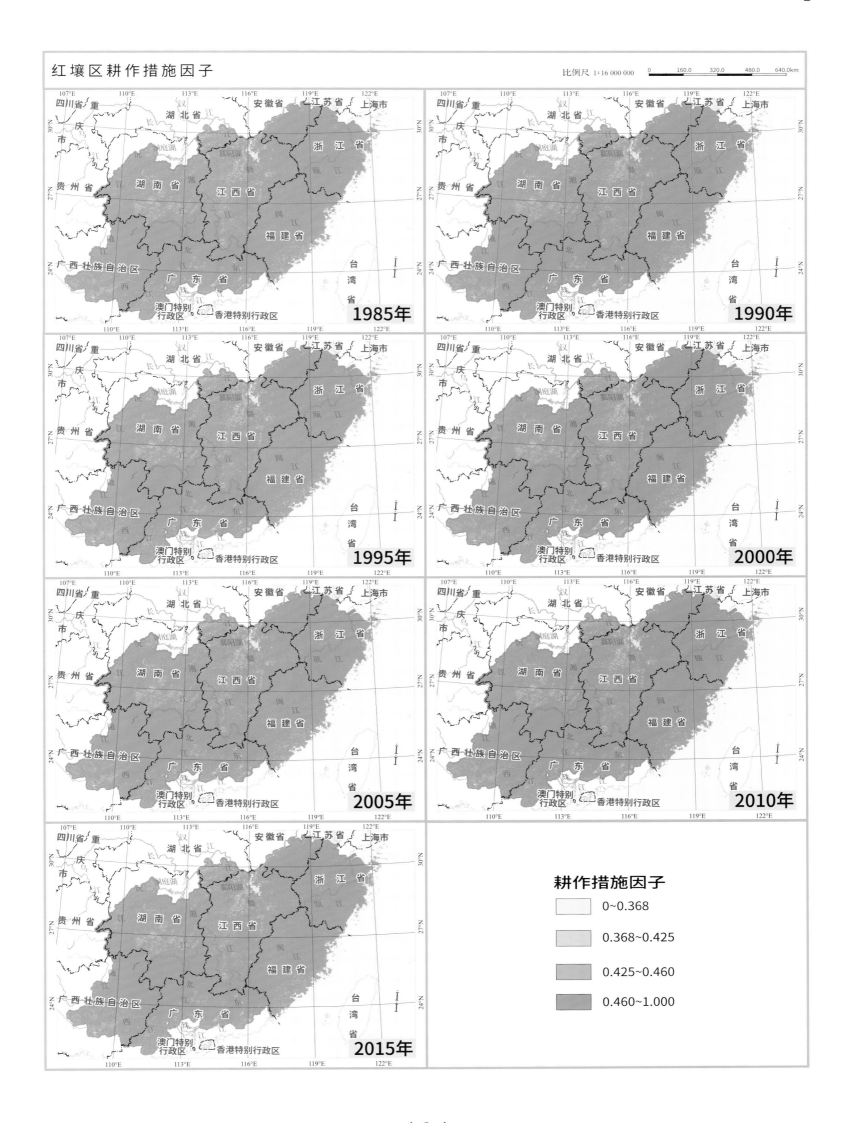

耕作措施因子

0~0.368

0.368~0.425

0.425~0.460

0.460~1.000

红壤区
土壤侵蚀地图集

红壤区降雨侵蚀力因子

比例尺 1:16 000 000

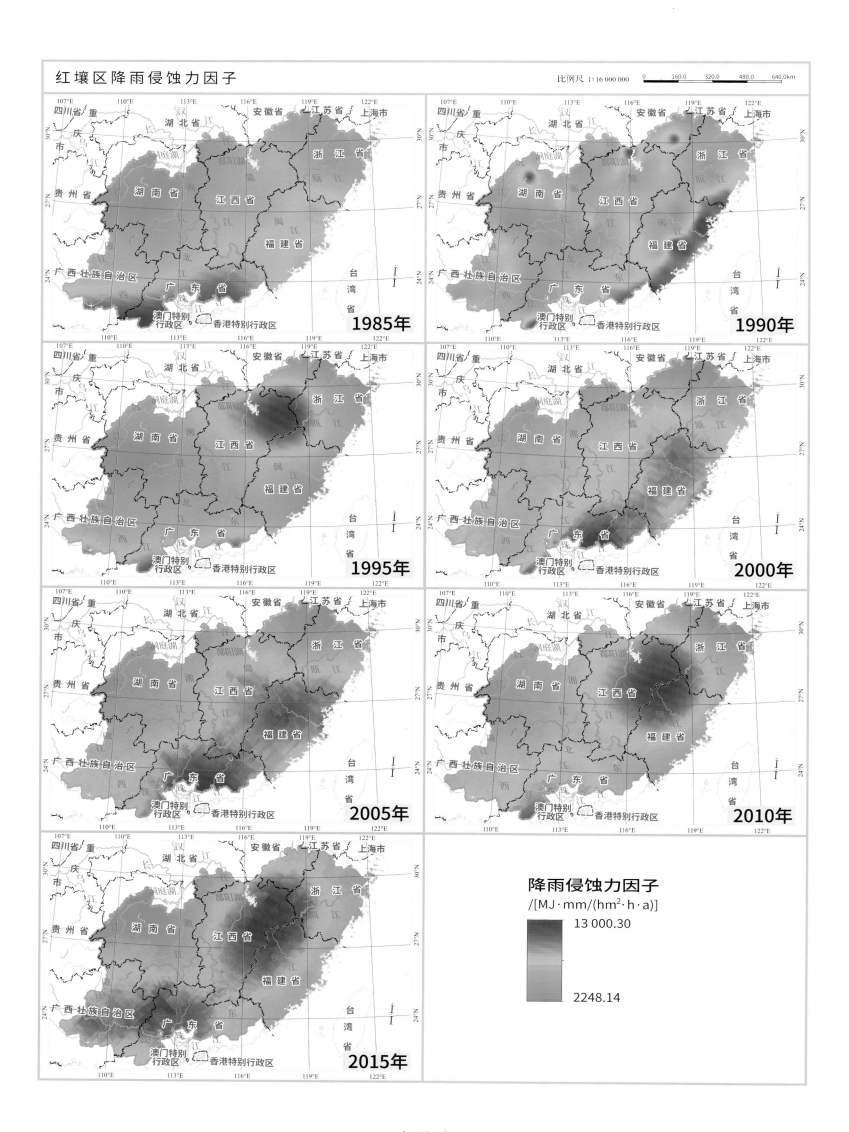

降雨侵蚀力因子
/[MJ·mm/(hm²·h·a)]

13 000.30

2248.14

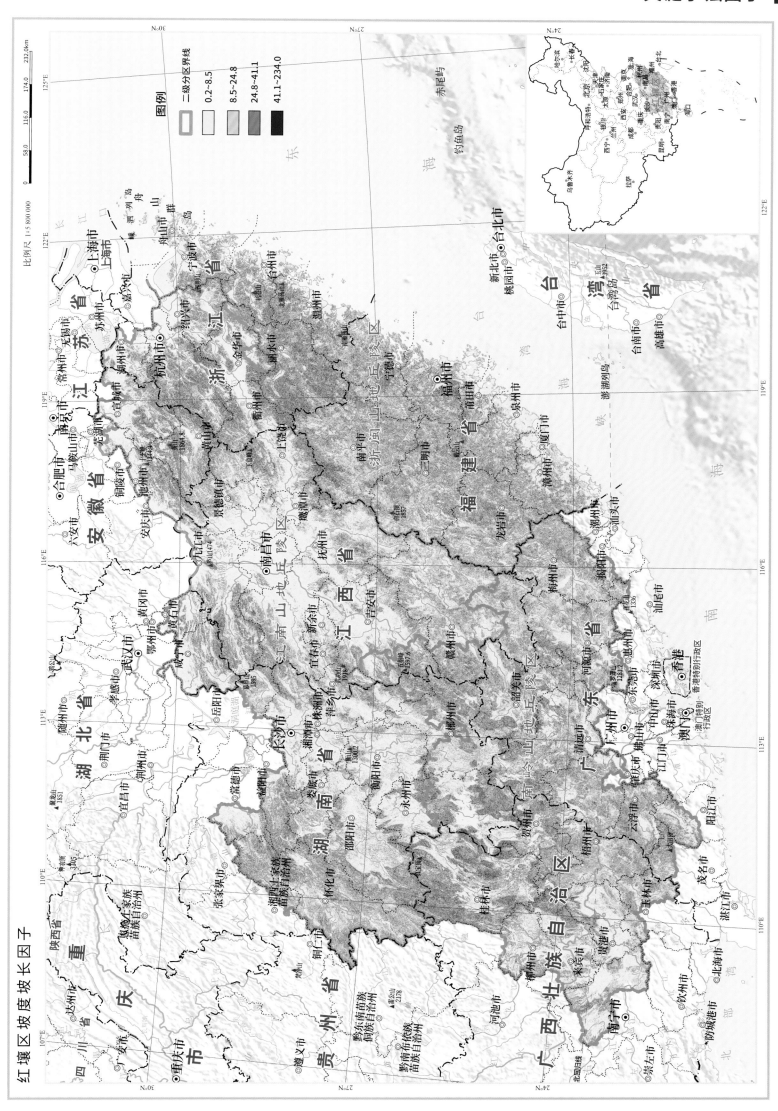

红壤区坡度坡长因子

图例
二级分区界线
0.2~8.5
8.5~24.8
24.8~41.1
41.1~234.0

比例尺 1:5 800 000

红壤区
土壤侵蚀地图集

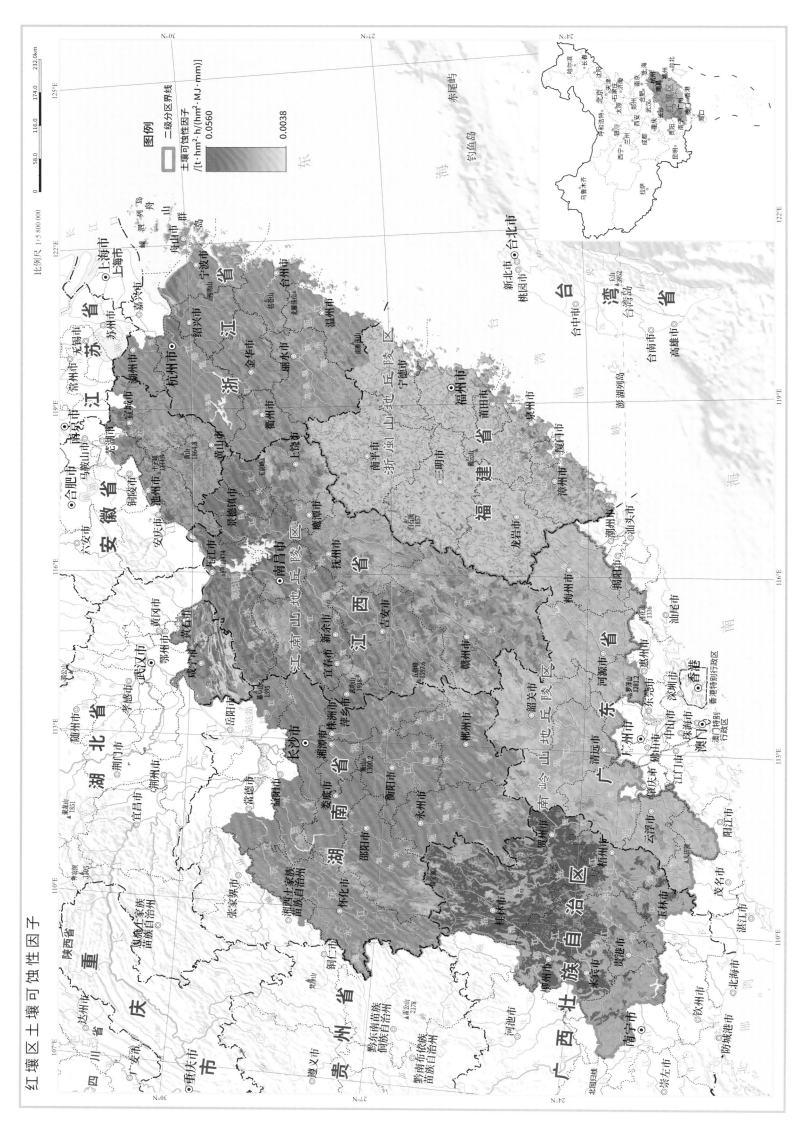

红壤区土壤可蚀性因子

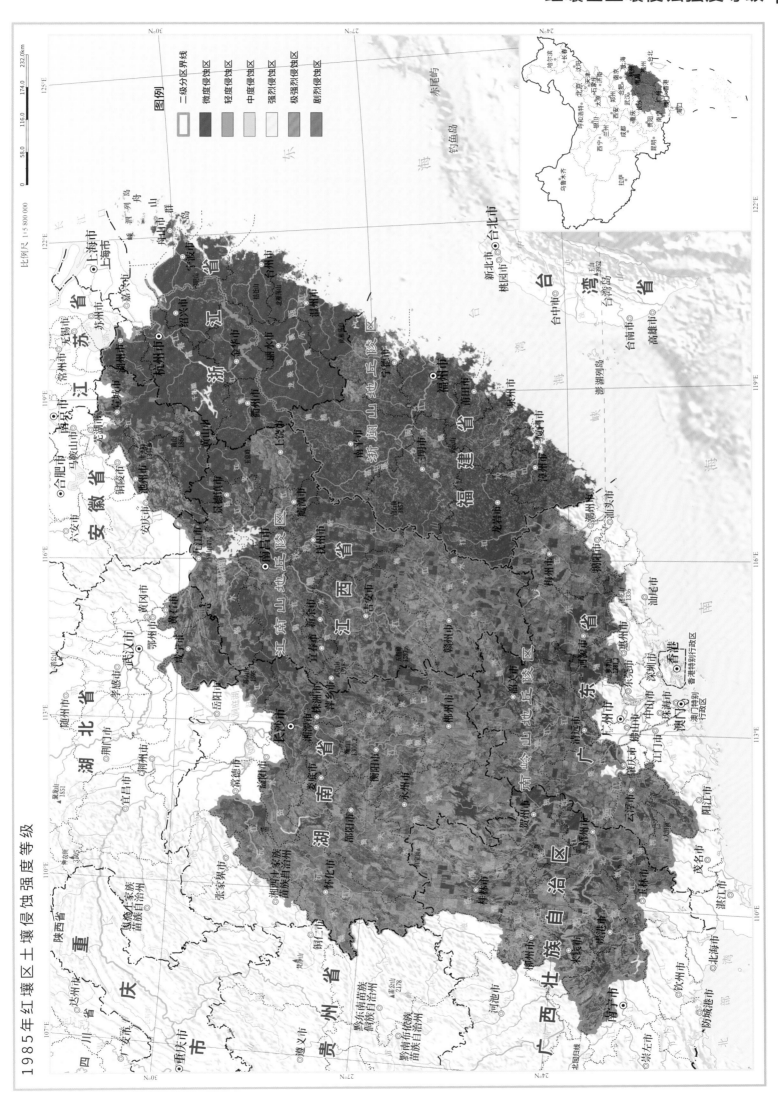

1985年红壤区土壤侵蚀强度等级

图例

二级分区界线
微度侵蚀区
轻度侵蚀区
中度侵蚀区
强烈侵蚀区
极强烈侵蚀区
剧烈侵蚀区

比例尺 1:5 800 000

红壤区

土壤侵蚀地图集

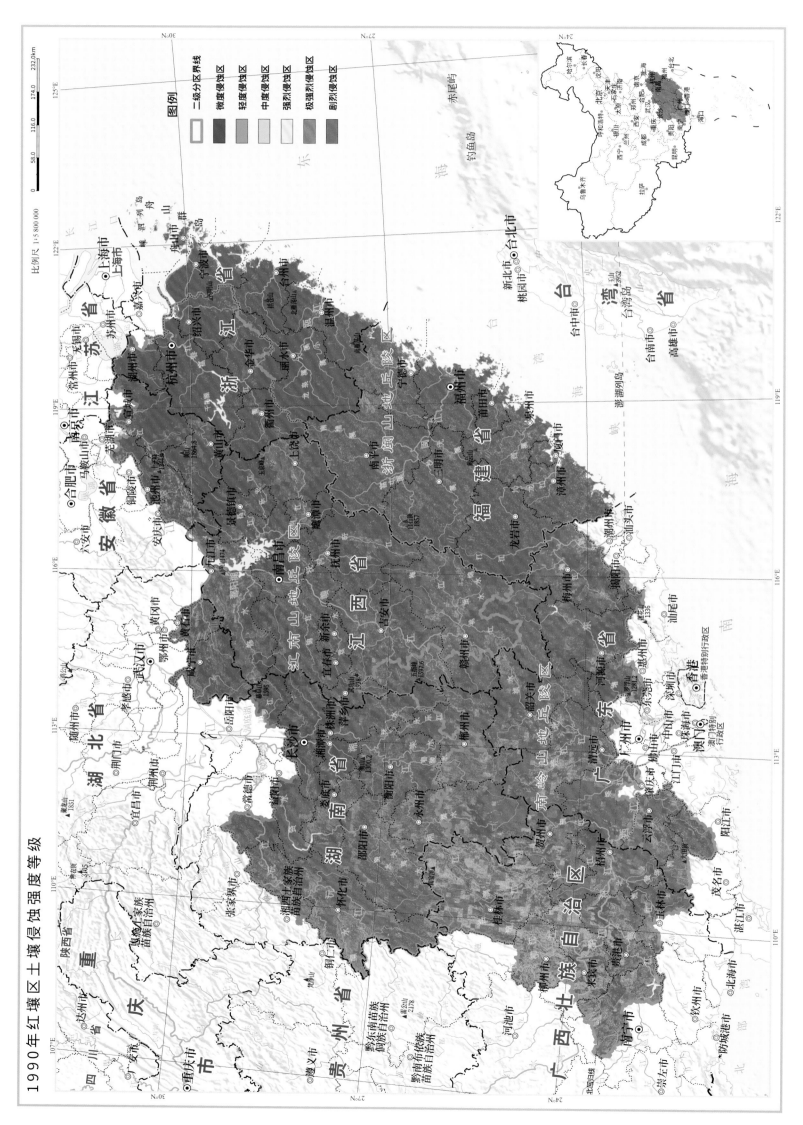

1990年红壤区土壤侵蚀强度等级

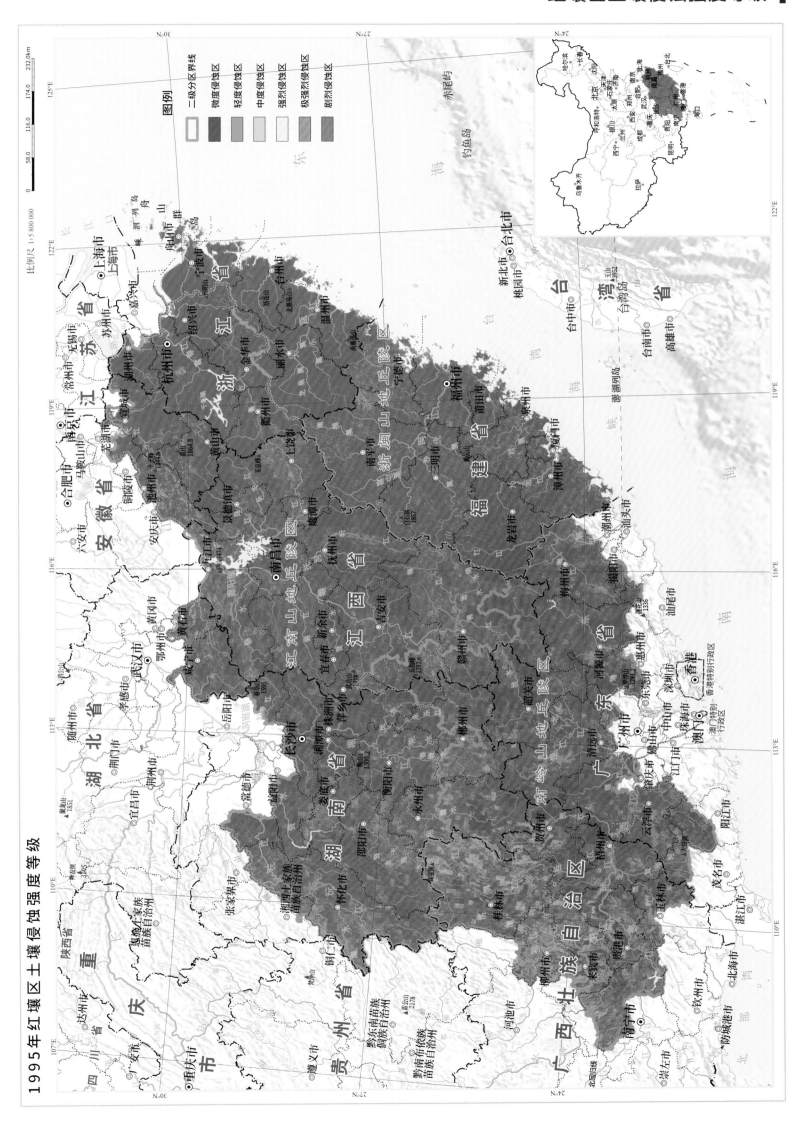

红壤区土壤侵蚀强度等级

1995年红壤区土壤侵蚀强度等级

图例

二级分区界线　微度侵蚀区　轻度侵蚀区　中度侵蚀区　强烈侵蚀区　极强烈侵蚀区　剧烈侵蚀区

比例尺 1:5 800 000

/ 15 /

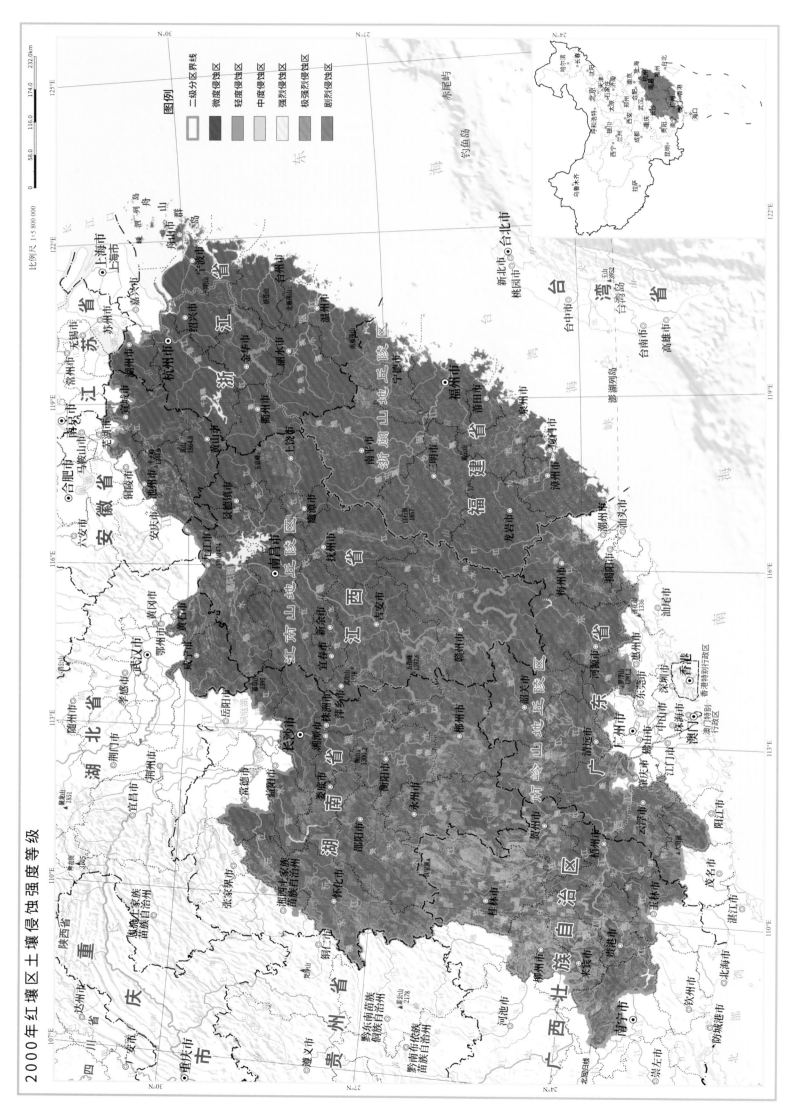

红壤区
土壤侵蚀地图集

2000年红壤区土壤侵蚀强度等级

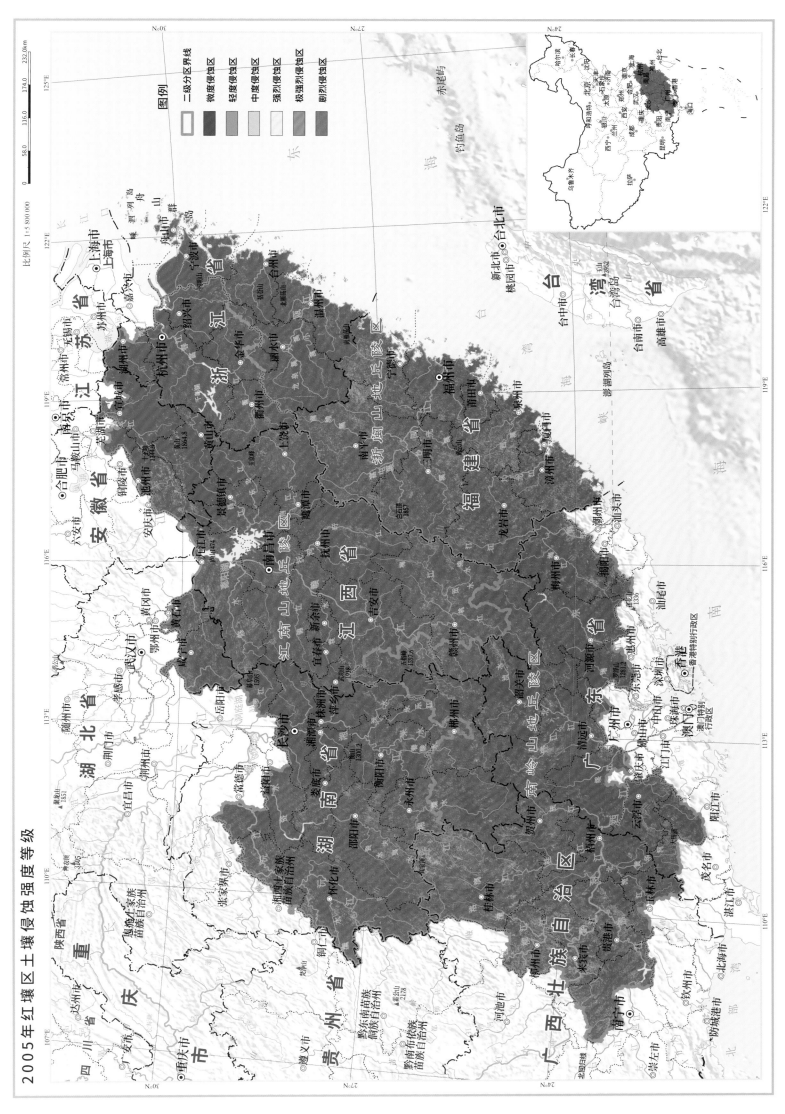

2005年红壤区土壤侵蚀强度等级

红壤区

土壤侵蚀地图集

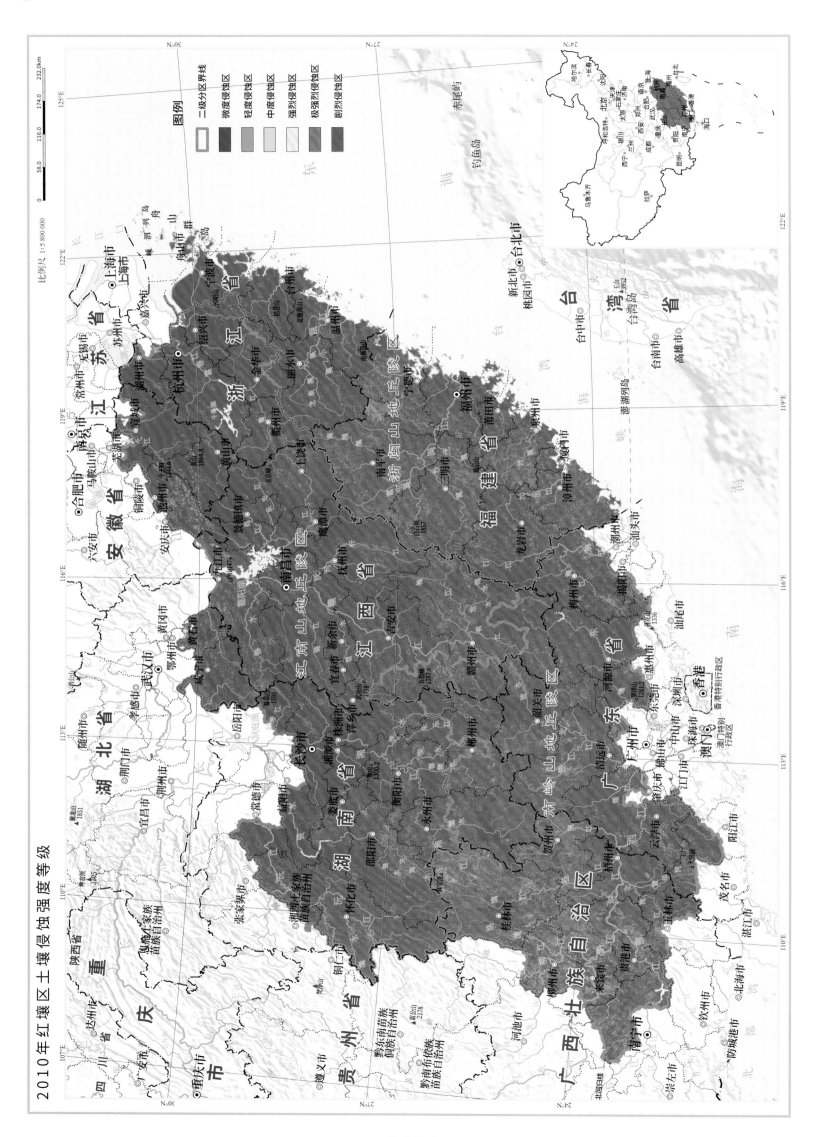

2010年红壤区土壤侵蚀强度等级

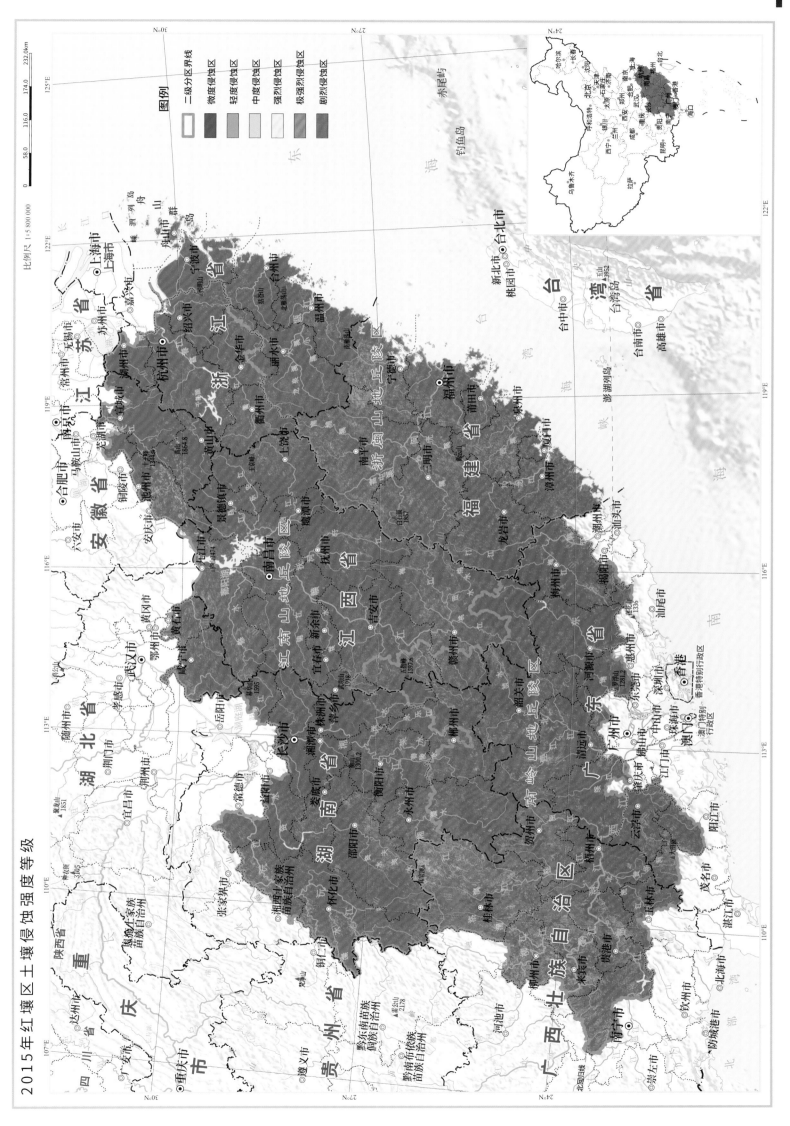

红壤区土壤侵蚀强度等级

2015年红壤区土壤侵蚀强度等级

红壤区
土壤侵蚀地图集

江南山地丘陵区土壤侵蚀强度等级

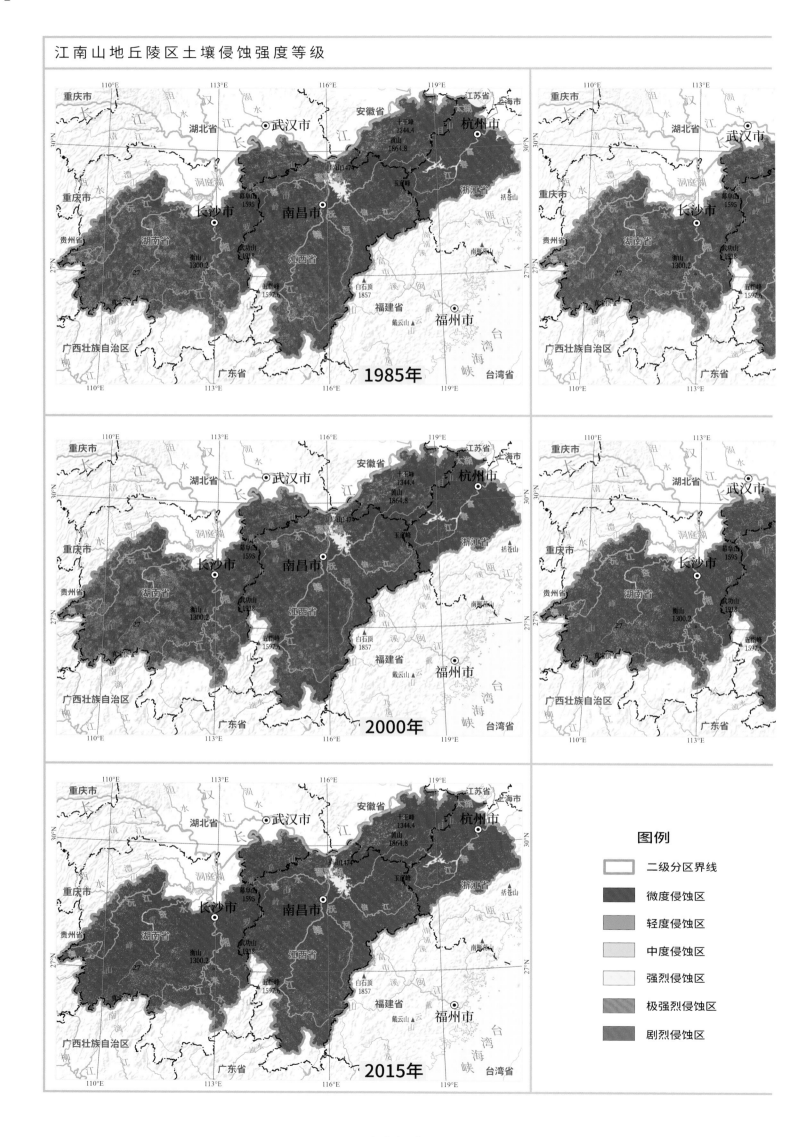

图例

二级分区界线

微度侵蚀区

轻度侵蚀区

中度侵蚀区

强烈侵蚀区

极强烈侵蚀区

剧烈侵蚀区

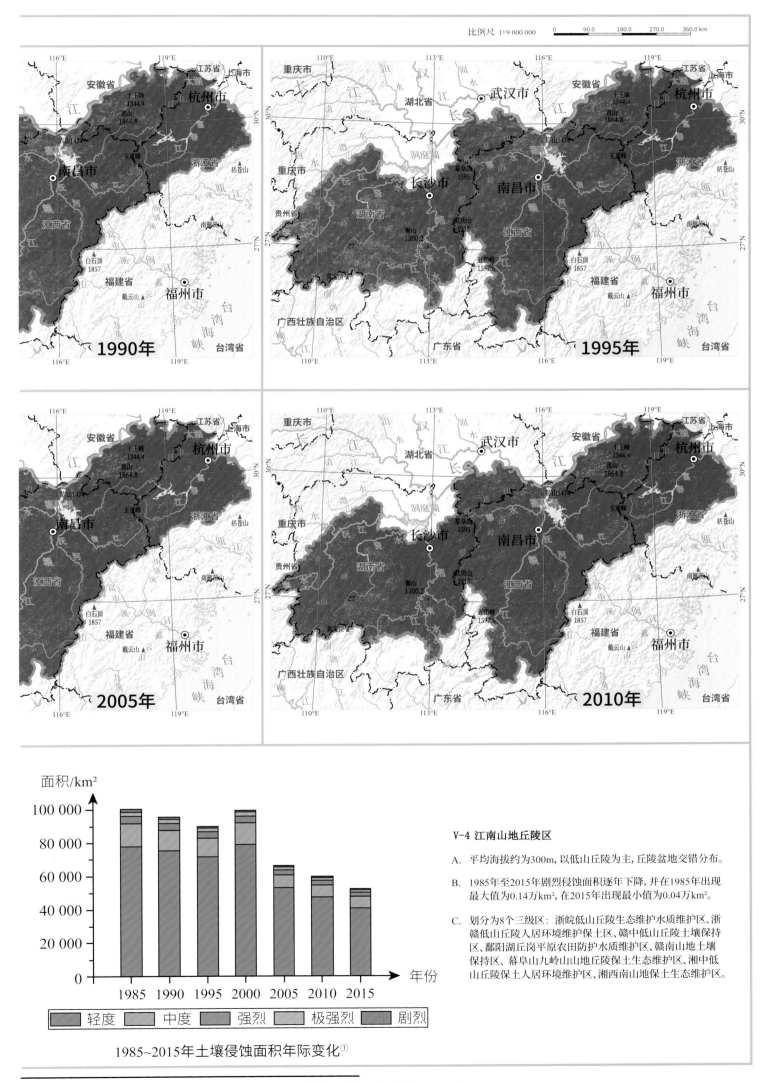

比例尺 1:9 000 000

V-4 江南山地丘陵区

A. 平均海拔约为300m,以低山丘陵为主,丘陵盆地交错分布。

B. 1985年至2015年剧烈侵蚀面积逐年下降,并在1985年出现最大值为0.14万km²,在2015年出现最小值为0.04万km²。

C. 划分为8个三级区:浙皖低山丘陵生态维护水质维护区、浙赣低山丘陵人居环境维护保土区、赣中低山丘陵保土壤保持区、鄱阳湖丘岗平原农田防护水质维护区、赣南山地土壤保持区、幕阜山九岭山山地丘陵保土生态维护区、湘中低山丘陵保土人居环境维护区、湘西南山地保土生态维护区。

1985~2015年土壤侵蚀面积年际变化①

① 微度侵蚀强度低于容许土壤流失量,即无明显侵蚀,故图中未列出。下同。

红壤区
土壤侵蚀地图集

浙闽山地丘陵区土壤侵蚀强度等级

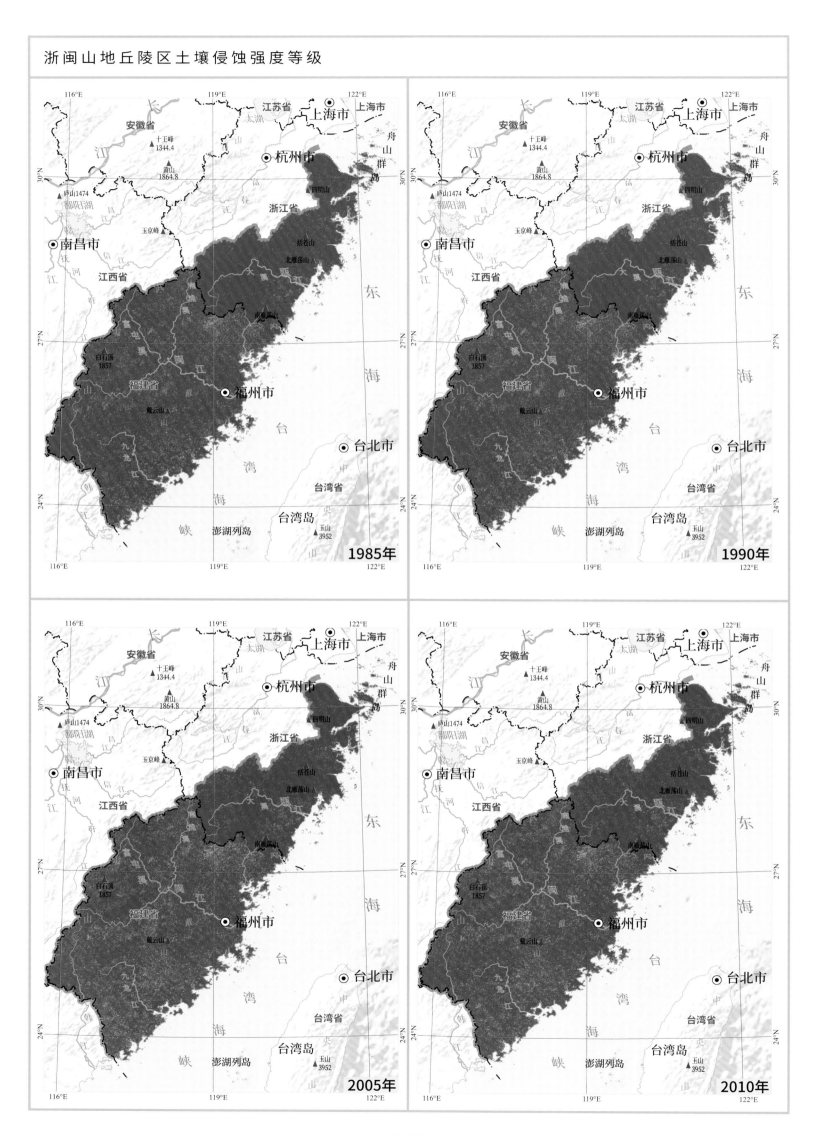

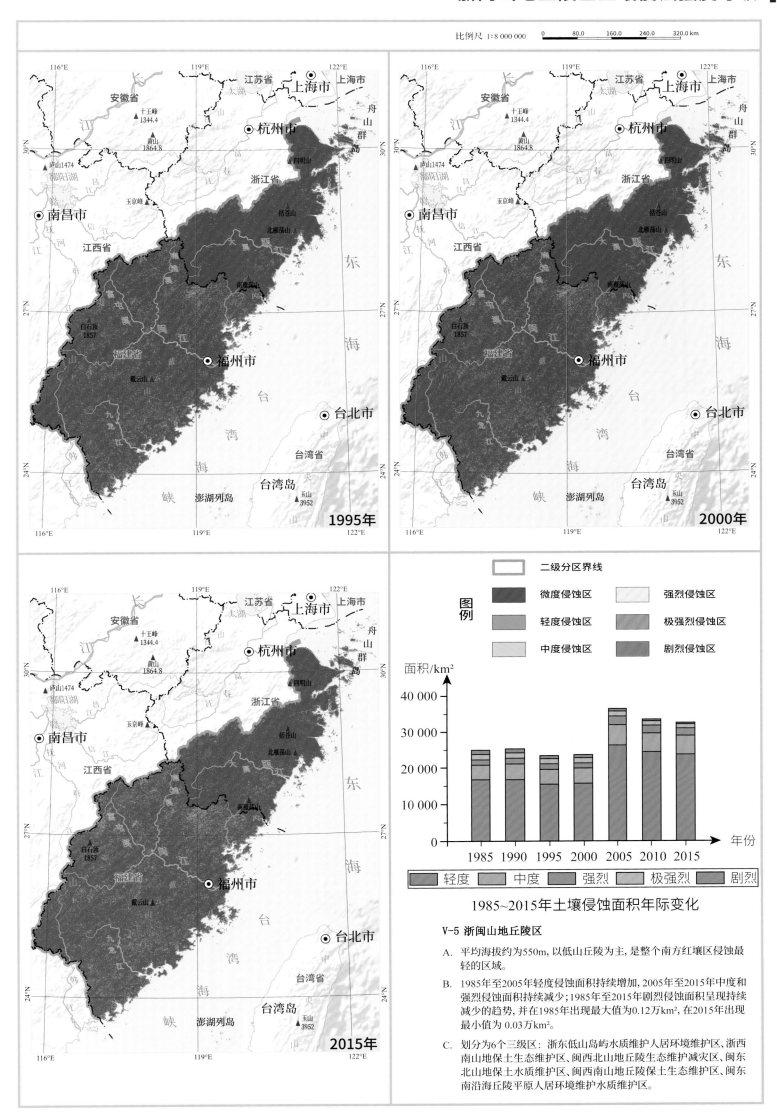

比例尺 1:8 000 000

图例

二级分区界线

微度侵蚀区　　　强烈侵蚀区
轻度侵蚀区　　　极强烈侵蚀区
中度侵蚀区　　　剧烈侵蚀区

面积/km²

1985～2015年土壤侵蚀面积年际变化

V-5 浙闽山地丘陵区

A. 平均海拔约为550m，以低山丘陵为主，是整个南方红壤区侵蚀最轻的区域。

B. 1985年至2005年轻度侵蚀面积持续增加，2005年至2015年中度和强烈侵蚀面积持续减少；1985年至2015年剧烈侵蚀面积呈现持续减少的趋势，并在1985年出现最大值为0.12万km²，在2015年出现最小值为0.03万km²。

C. 划分为6个三级区：浙东低山岛屿水质维护人居环境维护区、浙西南山地保土生态维护区、闽西北山地丘陵生态维护减灾区、闽东北山地保土水质维护区、闽西南山地丘陵保土生态维护区、闽东南沿海丘陵平原人居环境维护水质维护区。

红壤区
土壤侵蚀地图集

南岭山地丘陵区土壤侵蚀强度等级

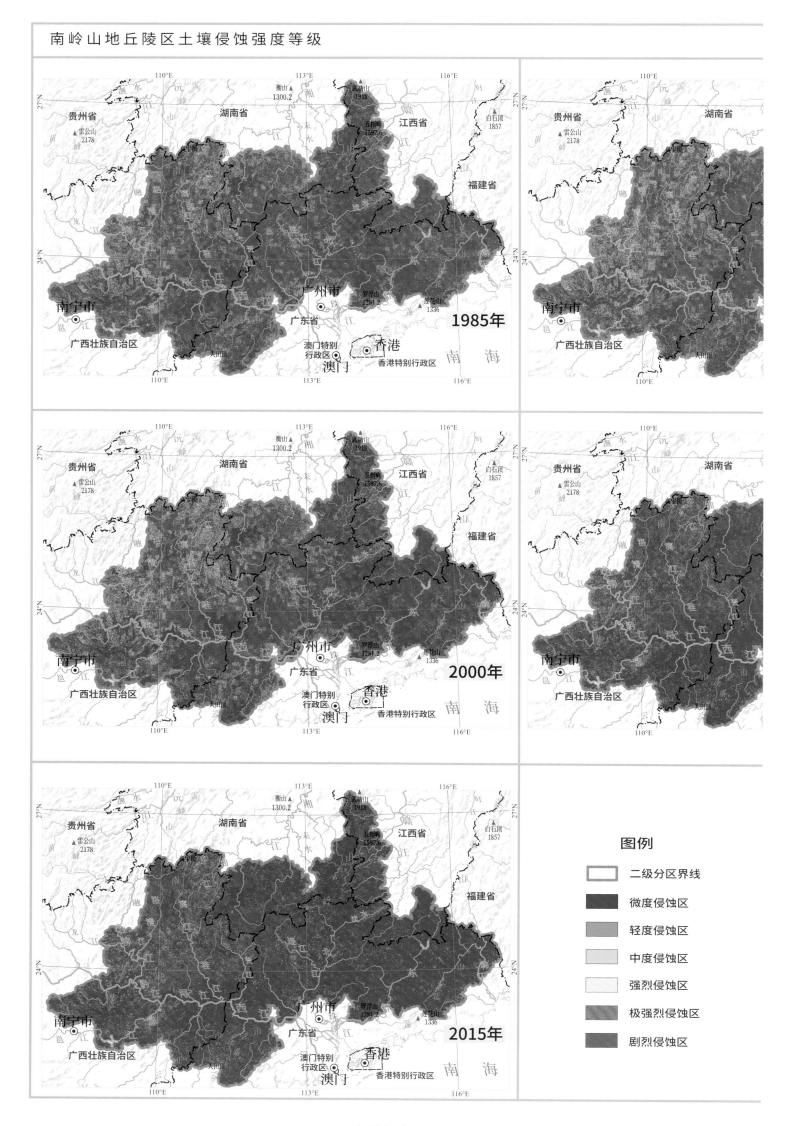

图例

二级分区界线

微度侵蚀区

轻度侵蚀区

中度侵蚀区

强烈侵蚀区

极强烈侵蚀区

剧烈侵蚀区

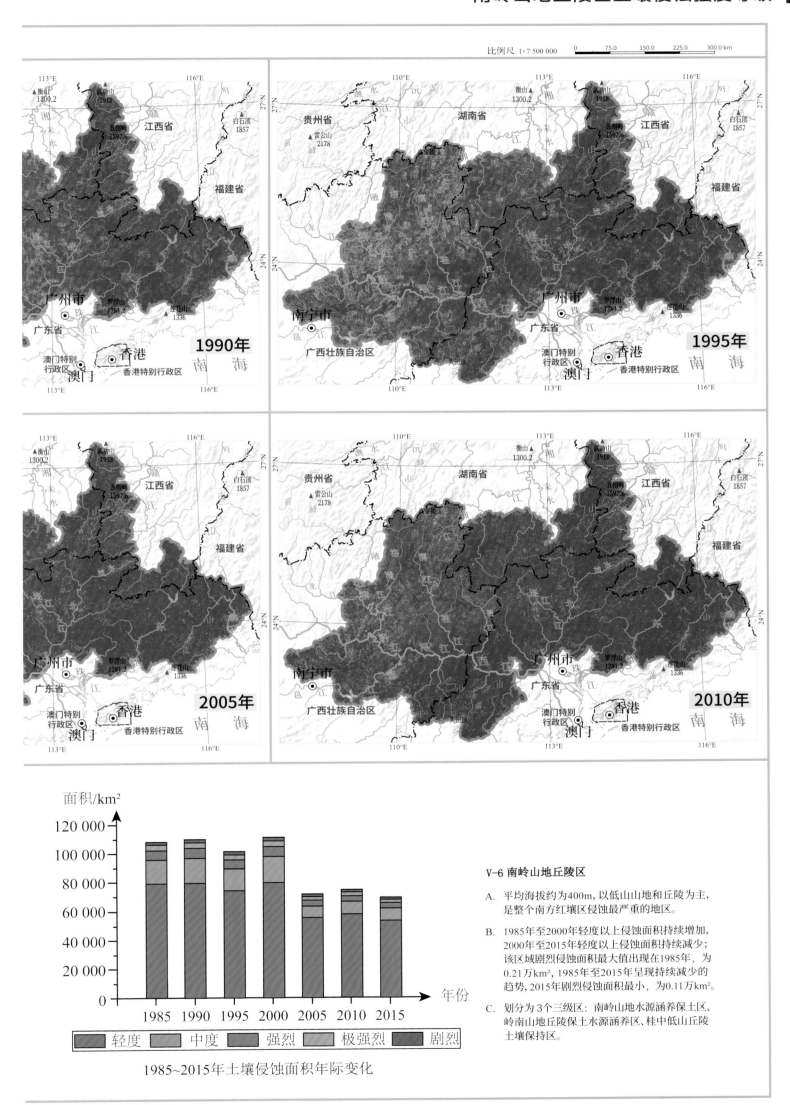

1985~2015年土壤侵蚀面积年际变化

V-6 南岭山地丘陵区

A. 平均海拔约为400m，以低山山地和丘陵为主，是整个南方红壤区侵蚀最严重的地区。

B. 1985年至2000年轻度以上侵蚀面积持续增加，2000年至2015年轻度以上侵蚀面积持续减少；该区域剧烈侵蚀面积最大值出现在1985年，为0.21万km²，1985年至2015年呈现持续减少的趋势，2015年剧烈侵蚀面积最小，为0.11万km²。

C. 划分为3个三级区：南岭山地水源涵养保土区、岭南山地丘陵保土水源涵养区、桂中低山丘陵土壤保持区。

江西省行政区划图

比例尺 1:2 350 000

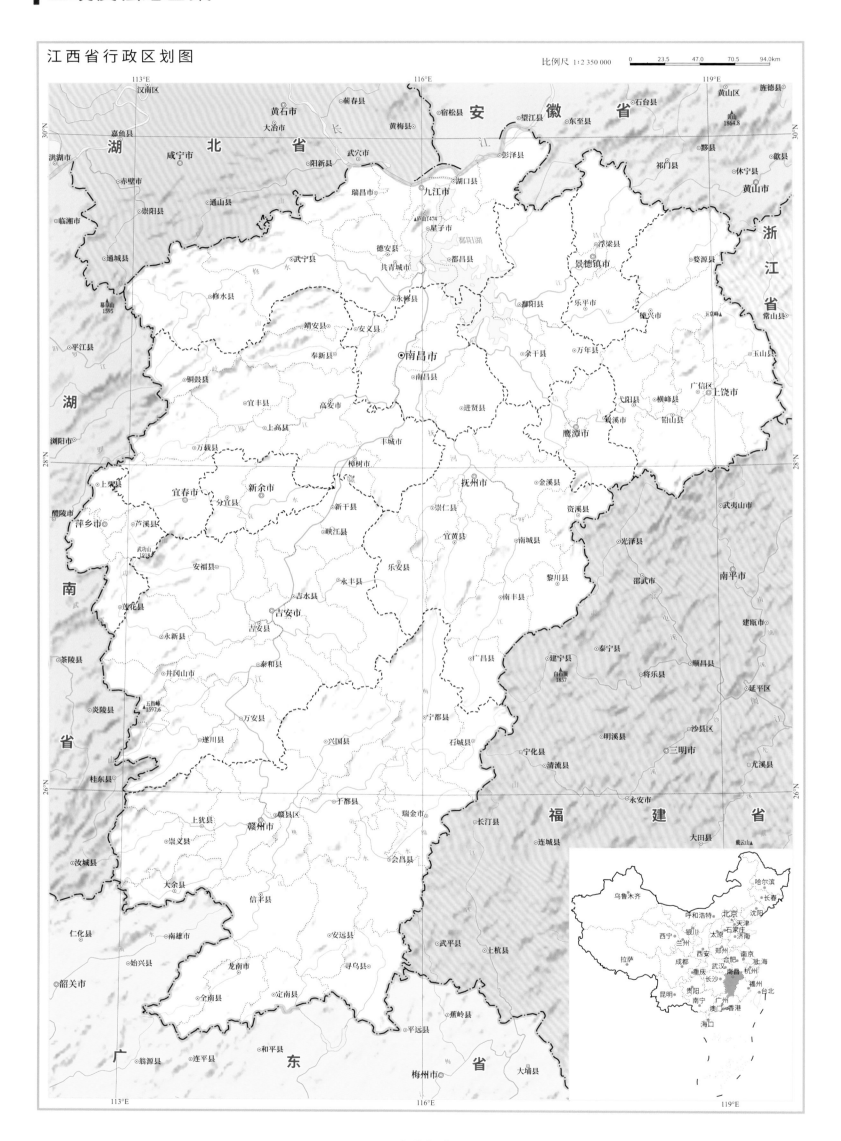

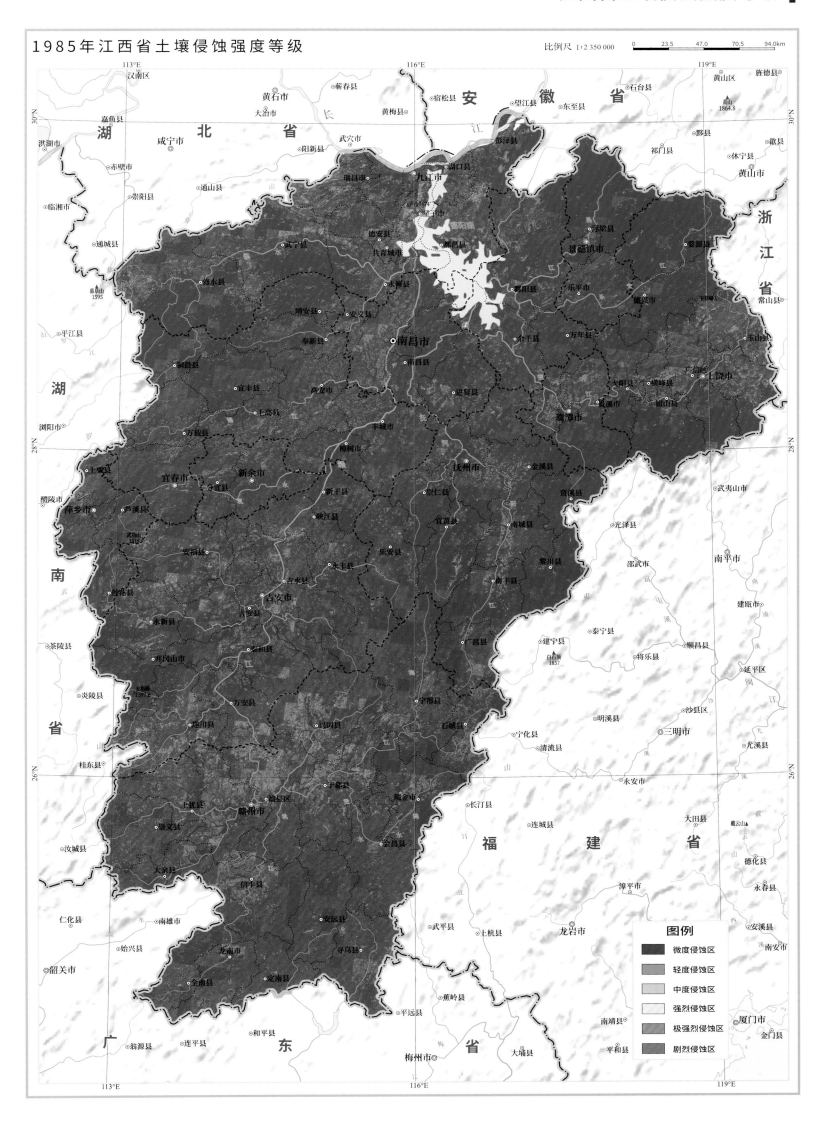

1985年江西省土壤侵蚀强度等级

比例尺 1:2 350 000

图例
微度侵蚀区
轻度侵蚀区
中度侵蚀区
强烈侵蚀区
极强烈侵蚀区
剧烈侵蚀区

红壤区
土壤侵蚀地图集

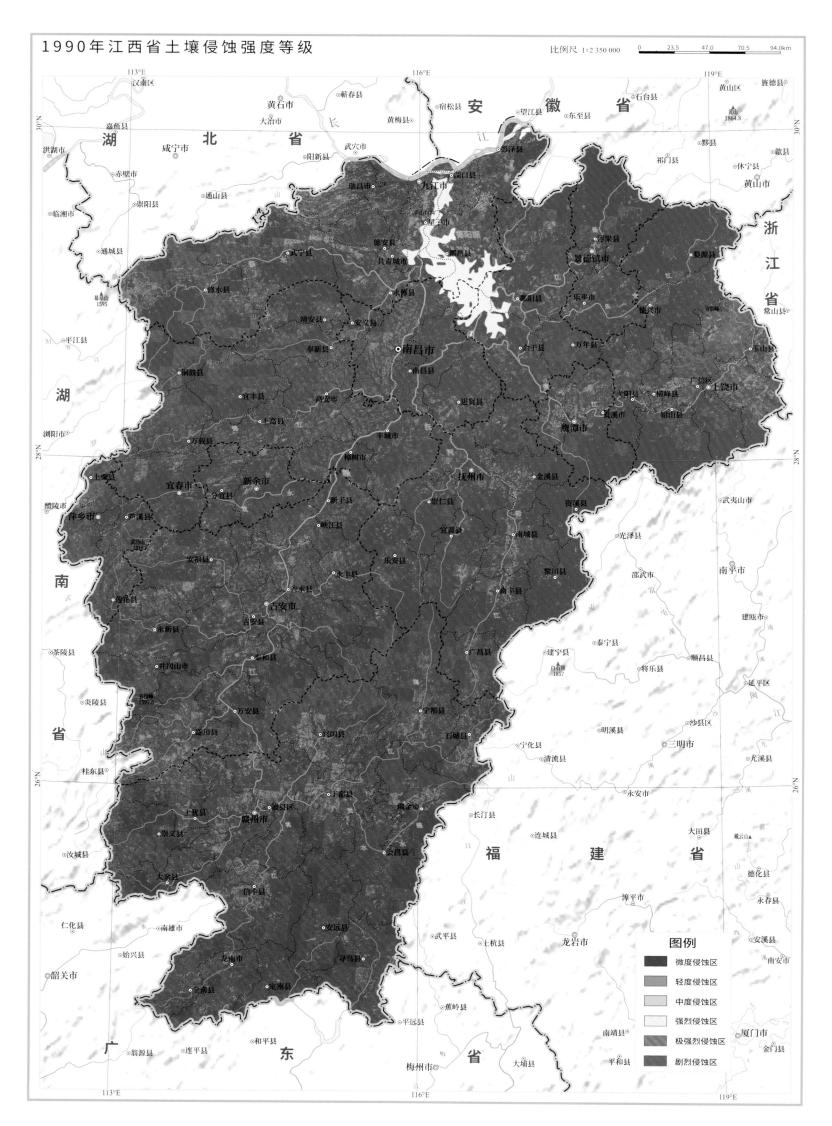

1990年江西省土壤侵蚀强度等级

比例尺 1:2 350 000

图例

微度侵蚀区
轻度侵蚀区
中度侵蚀区
强烈侵蚀区
极强烈侵蚀区
剧烈侵蚀区

1995年江西省土壤侵蚀强度等级

比例尺 1:2 350 000

0 23.5 47.0 70.5 94.0km

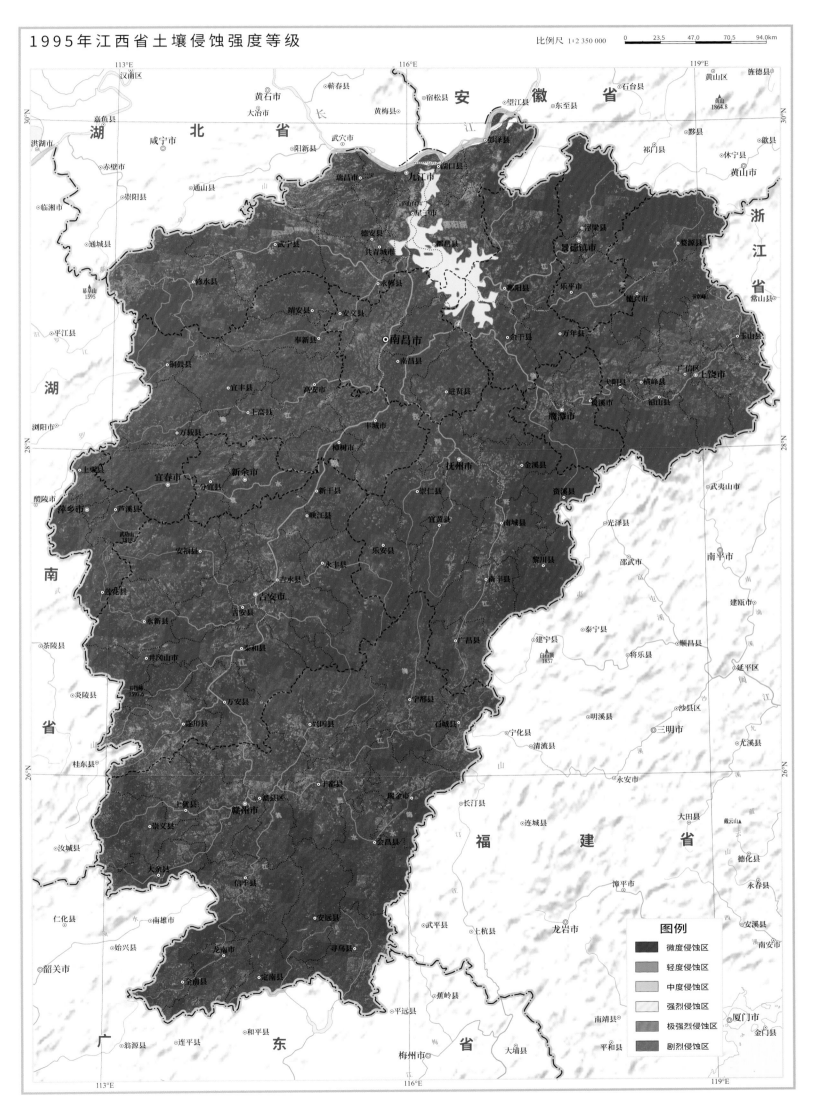

图例
- 微度侵蚀区
- 轻度侵蚀区
- 中度侵蚀区
- 强烈侵蚀区
- 极强烈侵蚀区
- 剧烈侵蚀区

红壤区
土壤侵蚀地图集

2000年江西省土壤侵蚀强度等级

比例尺 1:2 350 000

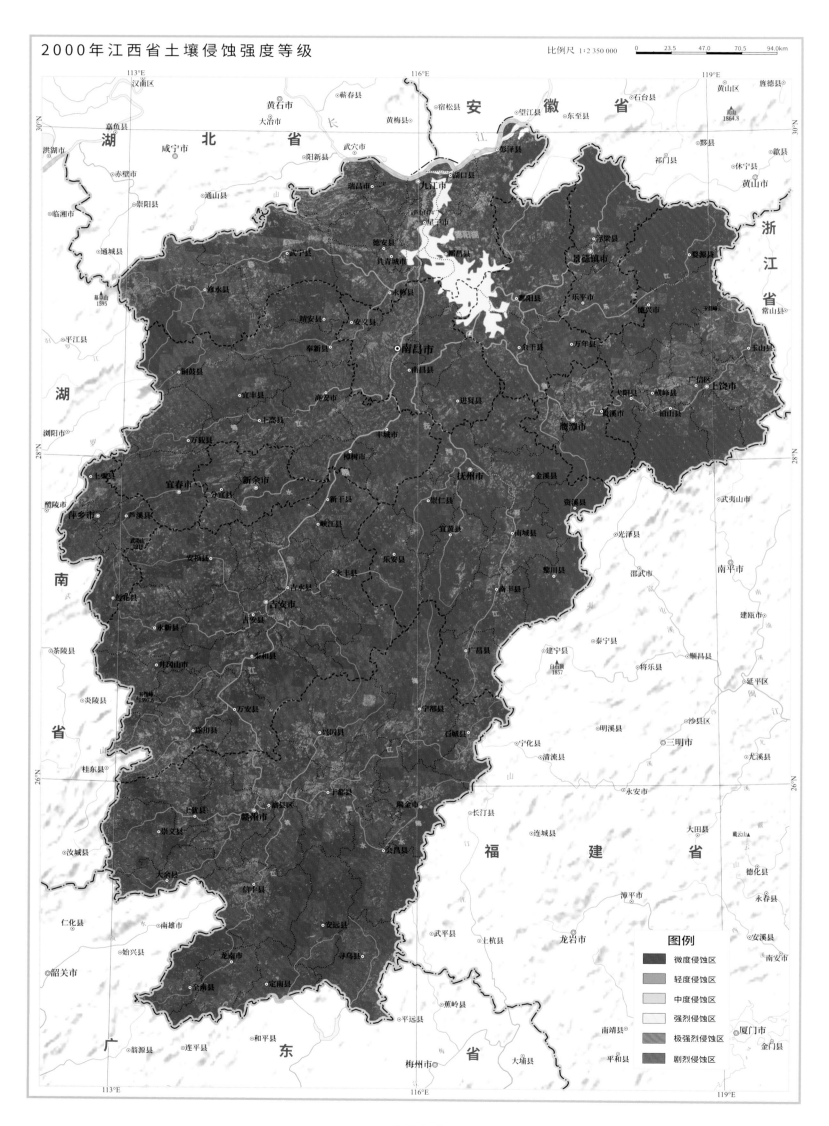

图例
- 微度侵蚀区
- 轻度侵蚀区
- 中度侵蚀区
- 强烈侵蚀区
- 极强烈侵蚀区
- 剧烈侵蚀区

2005年江西省土壤侵蚀强度等级

比例尺 1:2 350 000

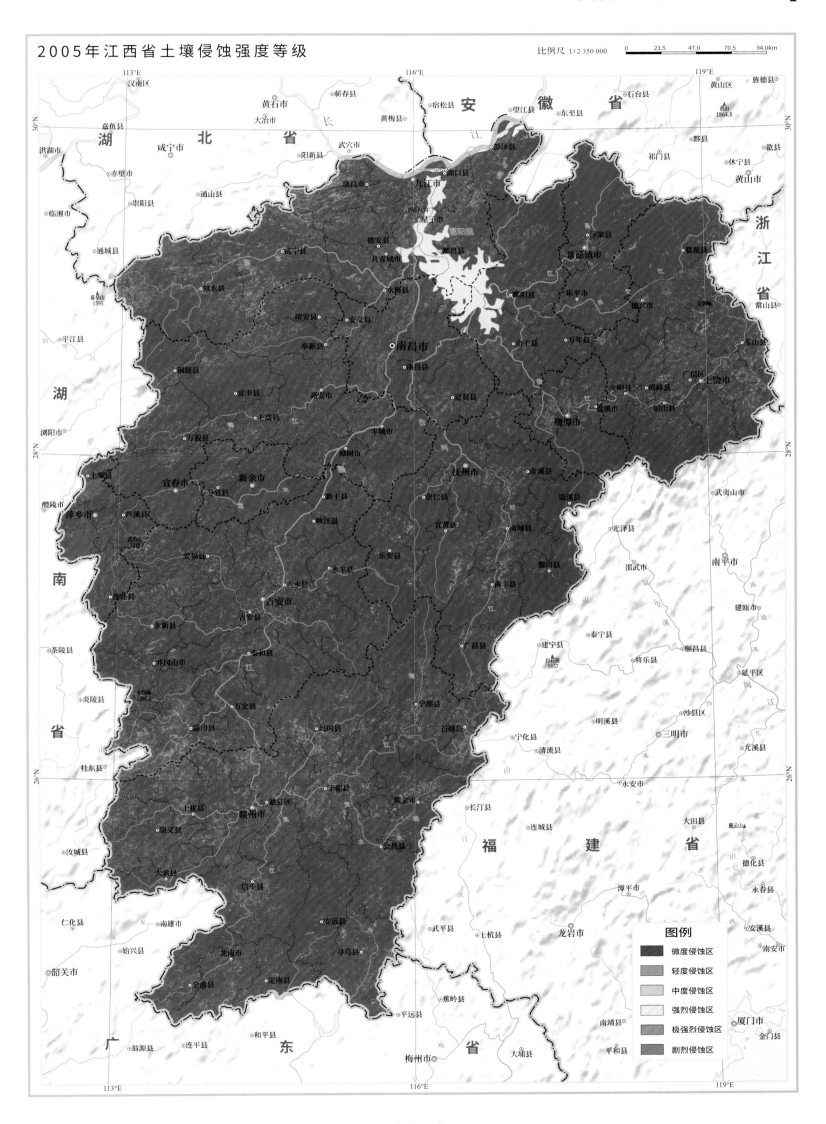

图例
- 微度侵蚀区
- 轻度侵蚀区
- 中度侵蚀区
- 强烈侵蚀区
- 极强烈侵蚀区
- 剧烈侵蚀区

红壤区
土壤侵蚀地图集

比例尺 1:2 350 000

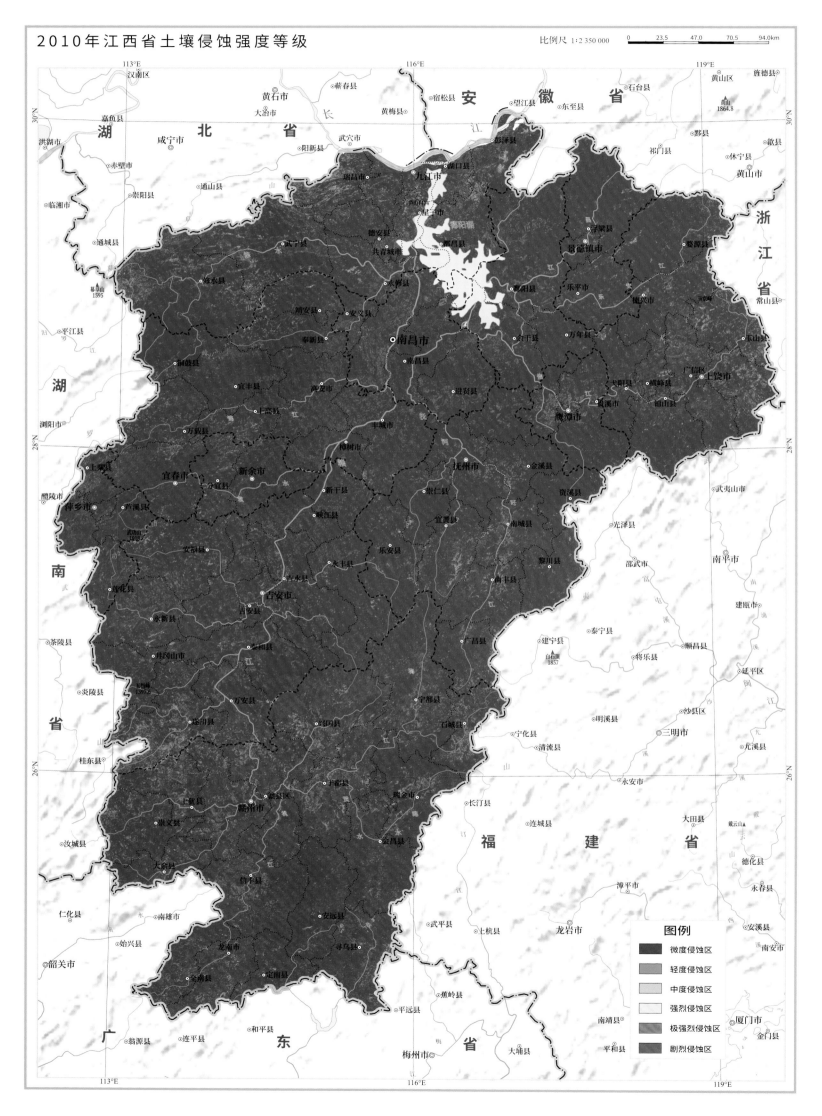

图例

微度侵蚀区
轻度侵蚀区
中度侵蚀区
强烈侵蚀区
极强烈侵蚀区
剧烈侵蚀区

2015年江西省土壤侵蚀强度等级

比例尺 1:2 350 000

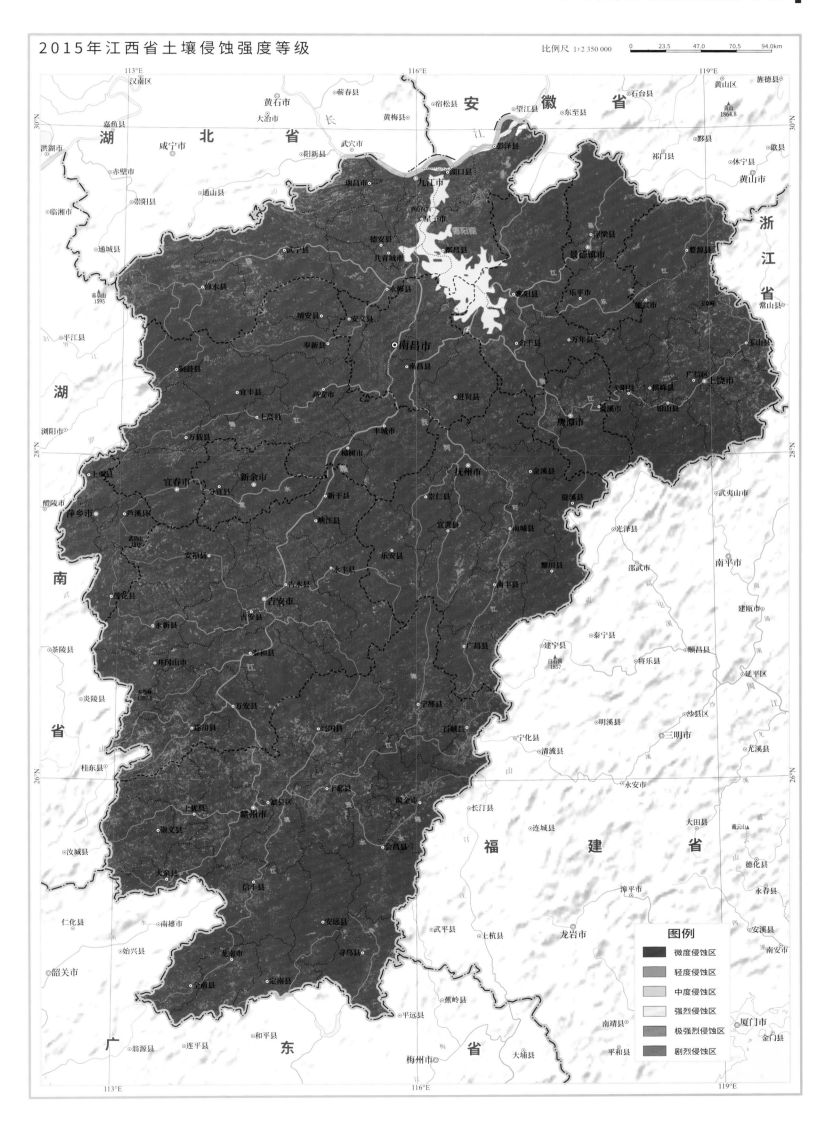

图例

- 微度侵蚀区
- 轻度侵蚀区
- 中度侵蚀区
- 强烈侵蚀区
- 极强烈侵蚀区
- 剧烈侵蚀区

红壤区
土壤侵蚀地图集

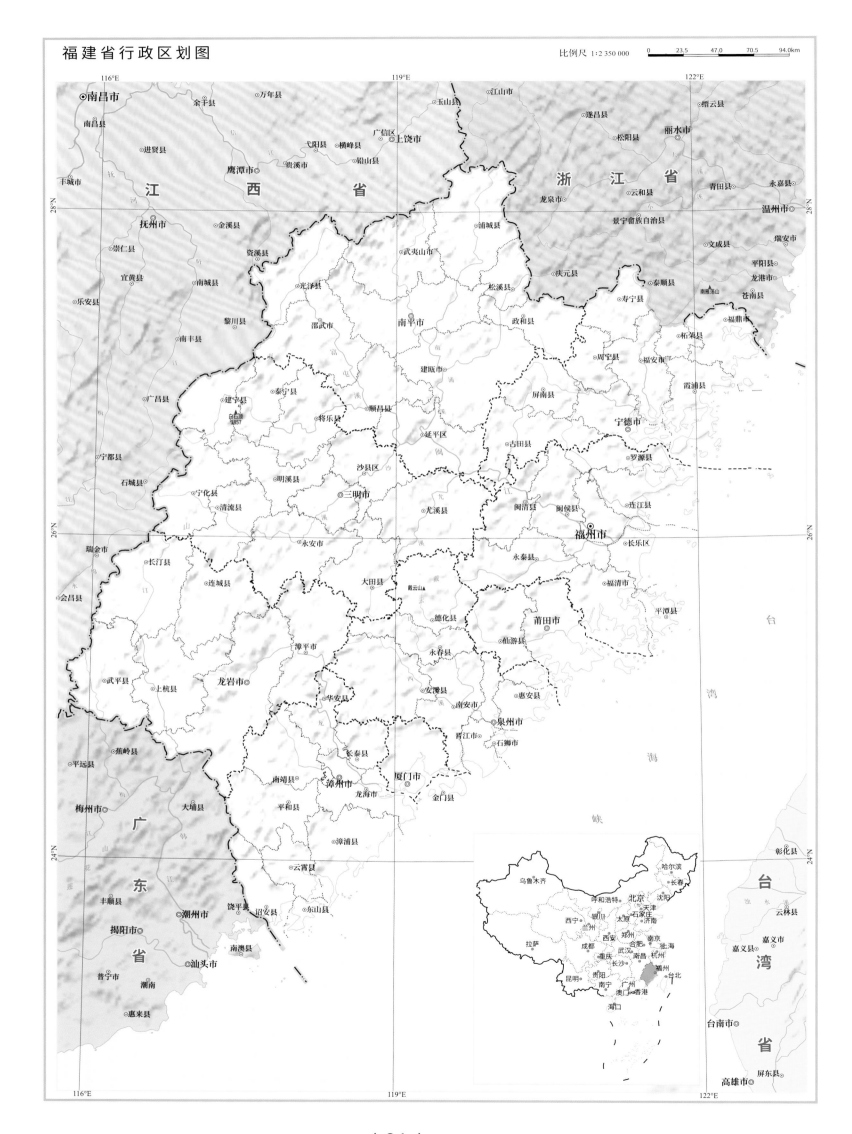

福建省行政区划图

比例尺 1:2 350 000

1985年福建省土壤侵蚀强度等级

比例尺 1:2 350 000

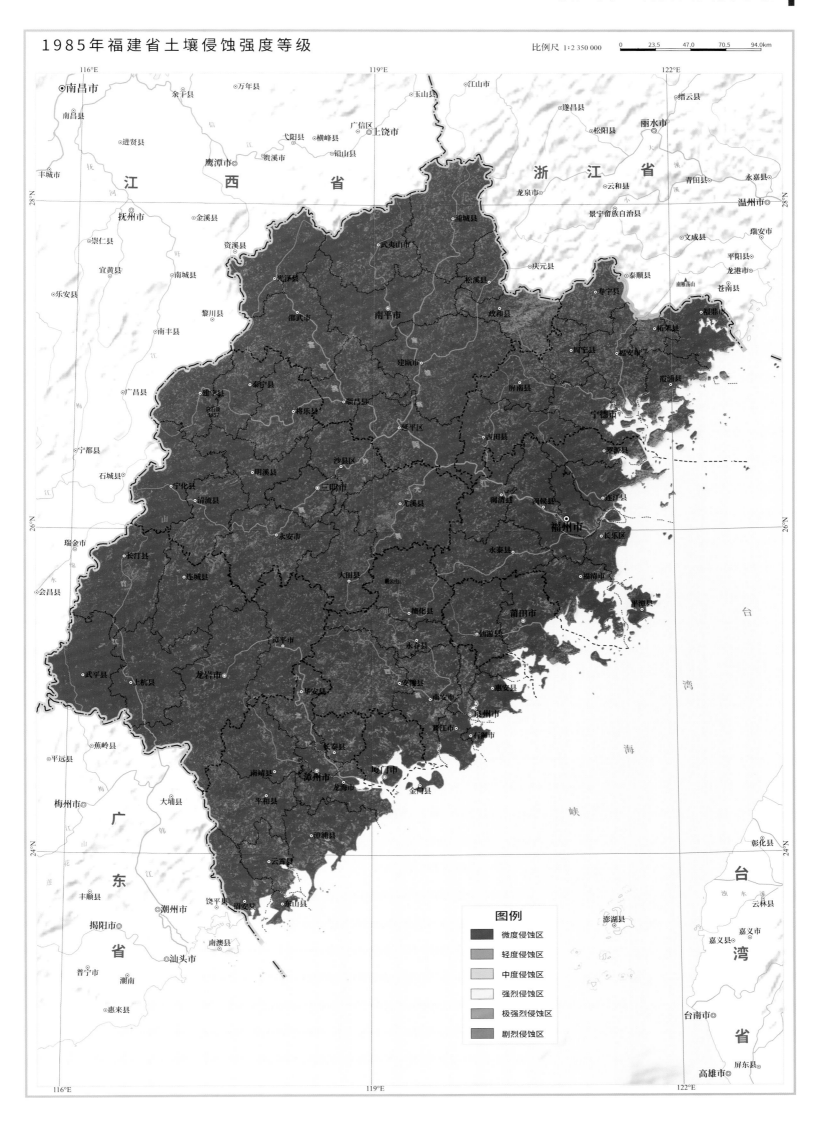

图例

- 微度侵蚀区
- 轻度侵蚀区
- 中度侵蚀区
- 强烈侵蚀区
- 极强烈侵蚀区
- 剧烈侵蚀区

1990年福建省土壤侵蚀强度等级

比例尺 1:2 350 000

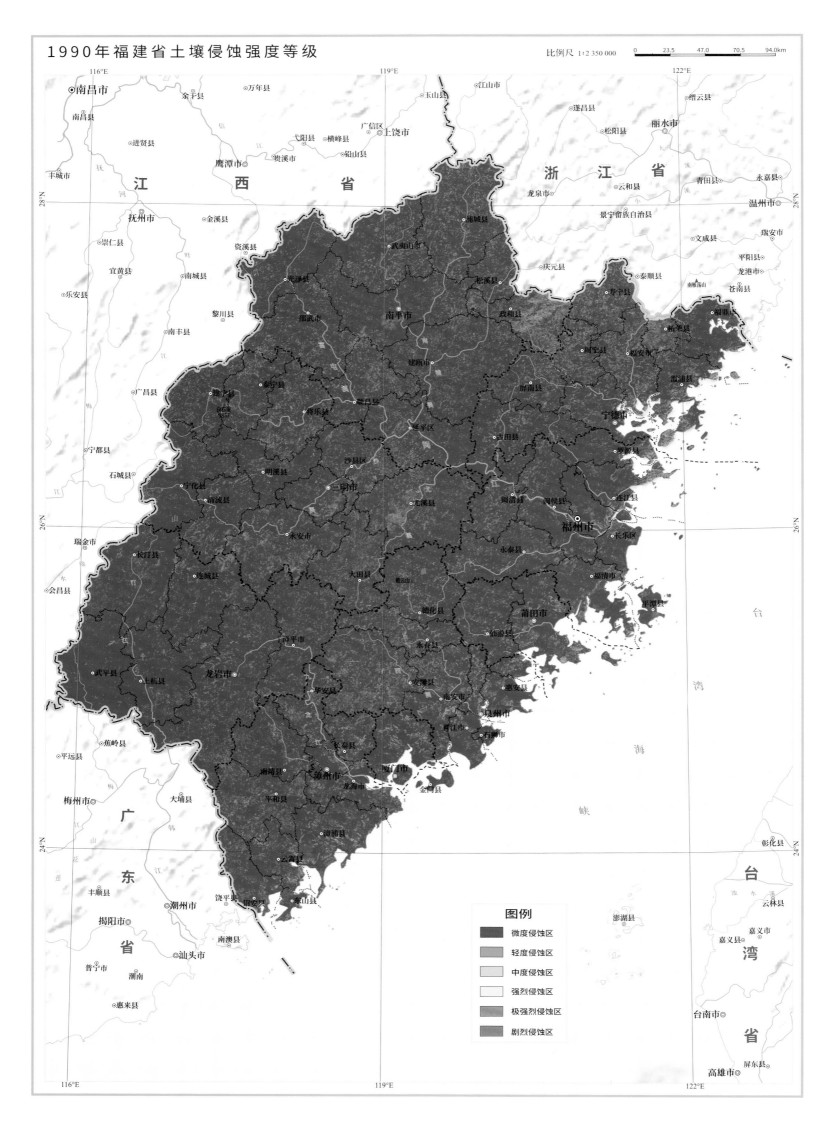

图例
- 微度侵蚀区
- 轻度侵蚀区
- 中度侵蚀区
- 强烈侵蚀区
- 极强烈侵蚀区
- 剧烈侵蚀区

1995年福建省土壤侵蚀强度等级

比例尺 1:2 350 000

0 23.5 47.0 70.5 94.0km

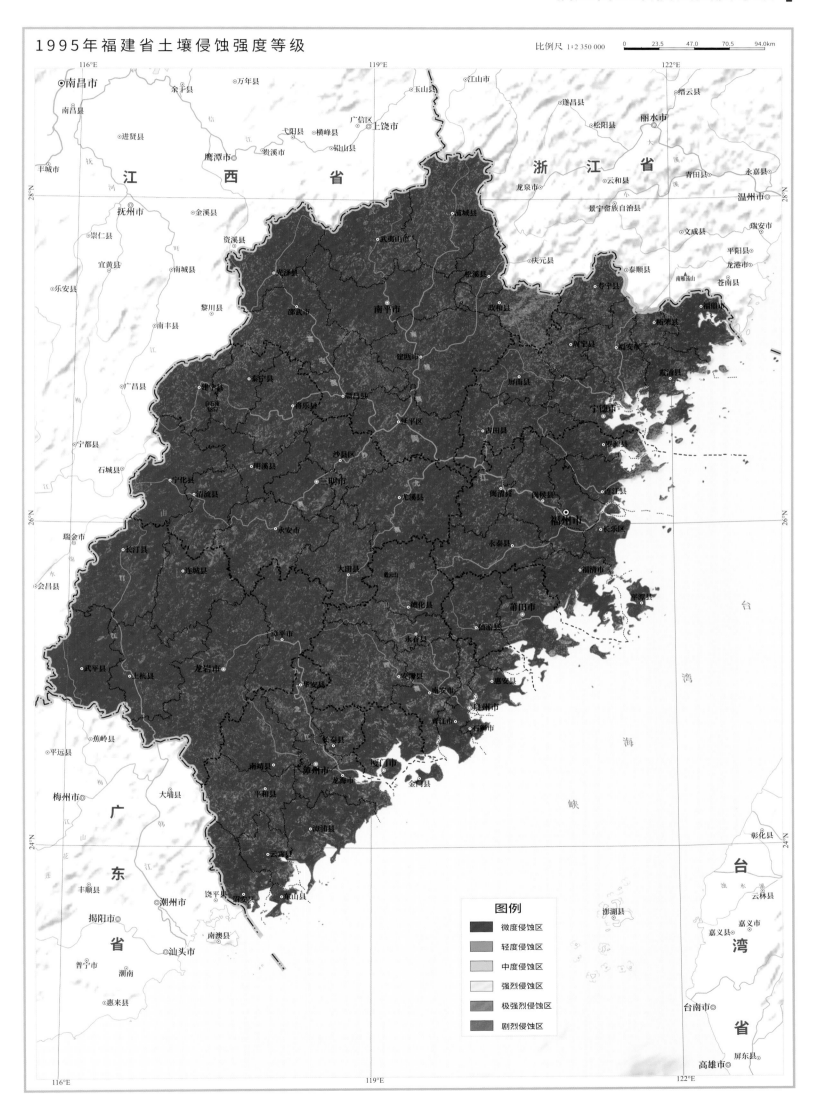

图例

微度侵蚀区
轻度侵蚀区
中度侵蚀区
强烈侵蚀区
极强烈侵蚀区
剧烈侵蚀区

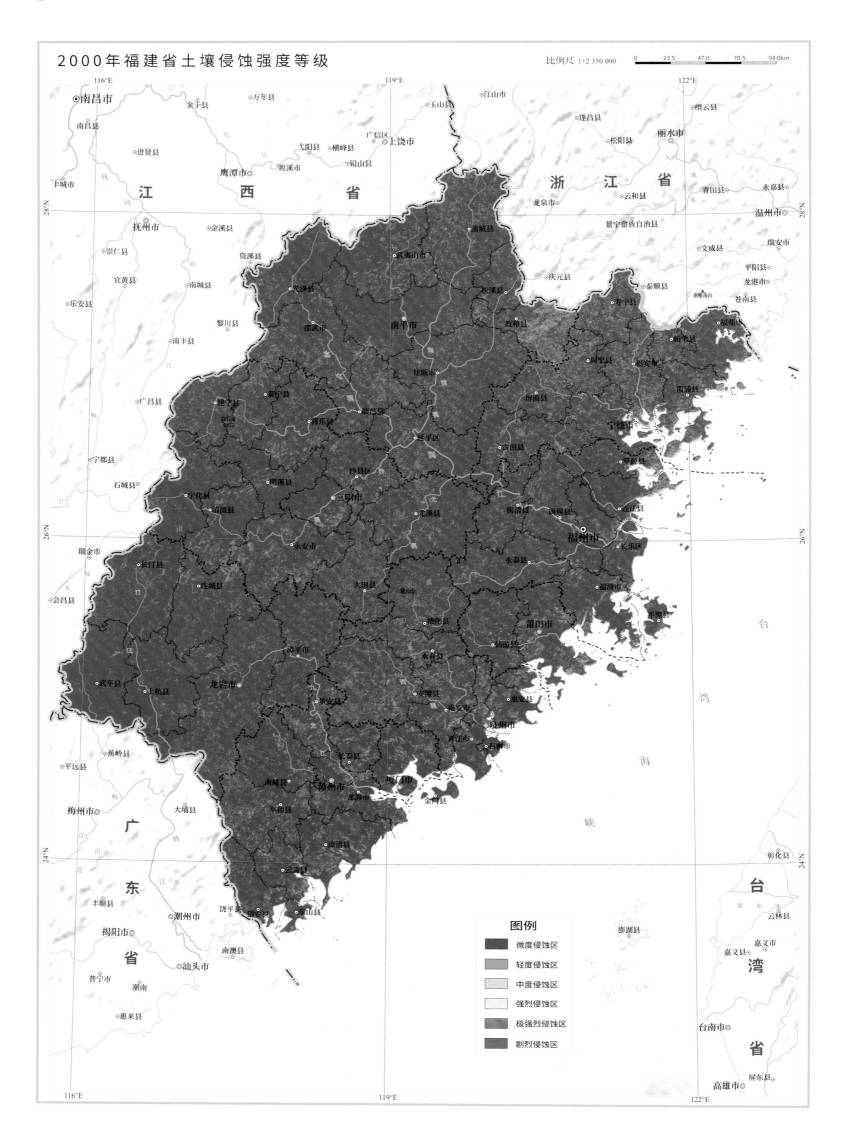

2000年福建省土壤侵蚀强度等级

比例尺 1:2 350 000

图例

- 微度侵蚀区
- 轻度侵蚀区
- 中度侵蚀区
- 强烈侵蚀区
- 极强烈侵蚀区
- 剧烈侵蚀区

2005年福建省土壤侵蚀强度等级

比例尺 1:2 350 000

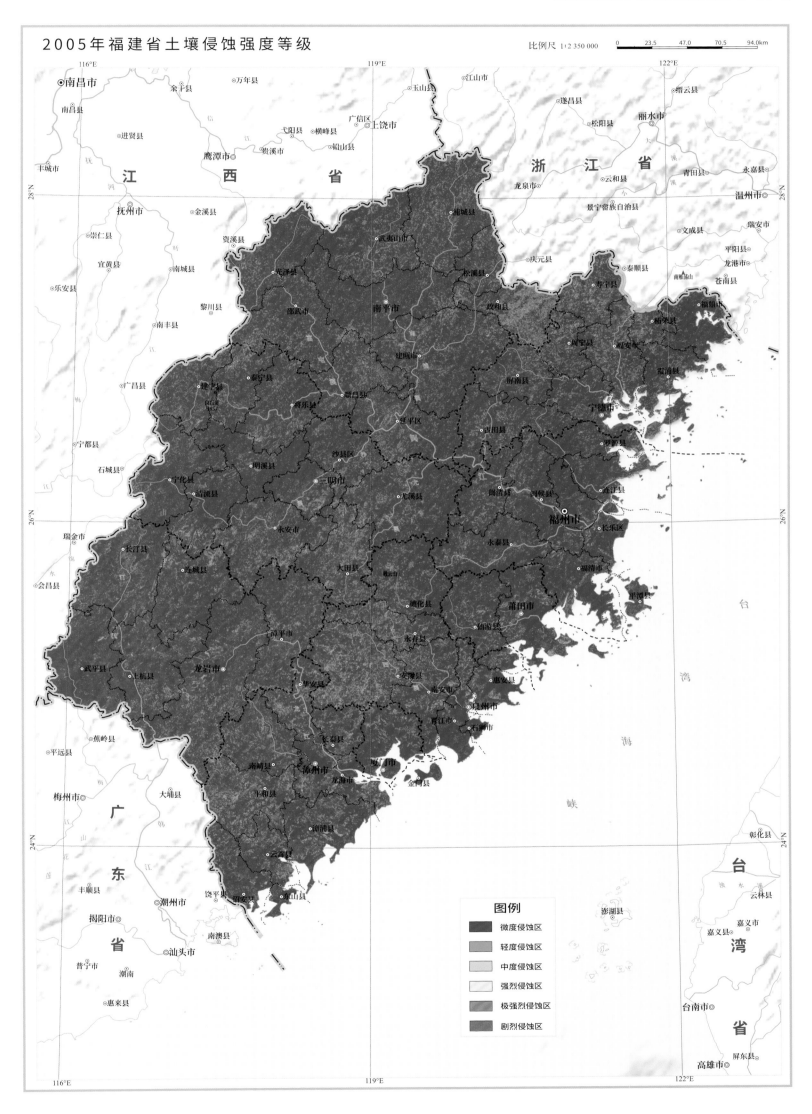

图例
- 微度侵蚀区
- 轻度侵蚀区
- 中度侵蚀区
- 强烈侵蚀区
- 极强烈侵蚀区
- 剧烈侵蚀区

红壤区
土壤侵蚀地图集

2010年福建省土壤侵蚀强度等级

比例尺 1:2 350 000

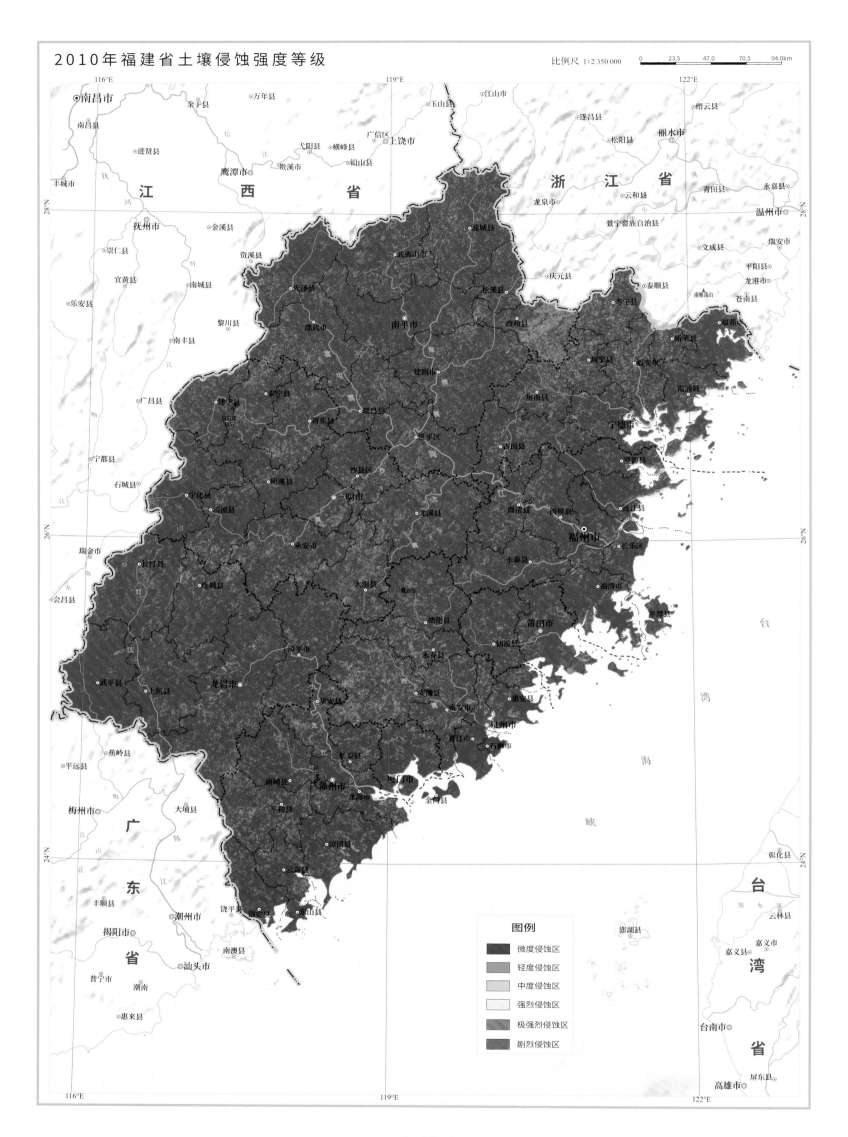

图例
- 微度侵蚀区
- 轻度侵蚀区
- 中度侵蚀区
- 强烈侵蚀区
- 极强烈侵蚀区
- 剧烈侵蚀区

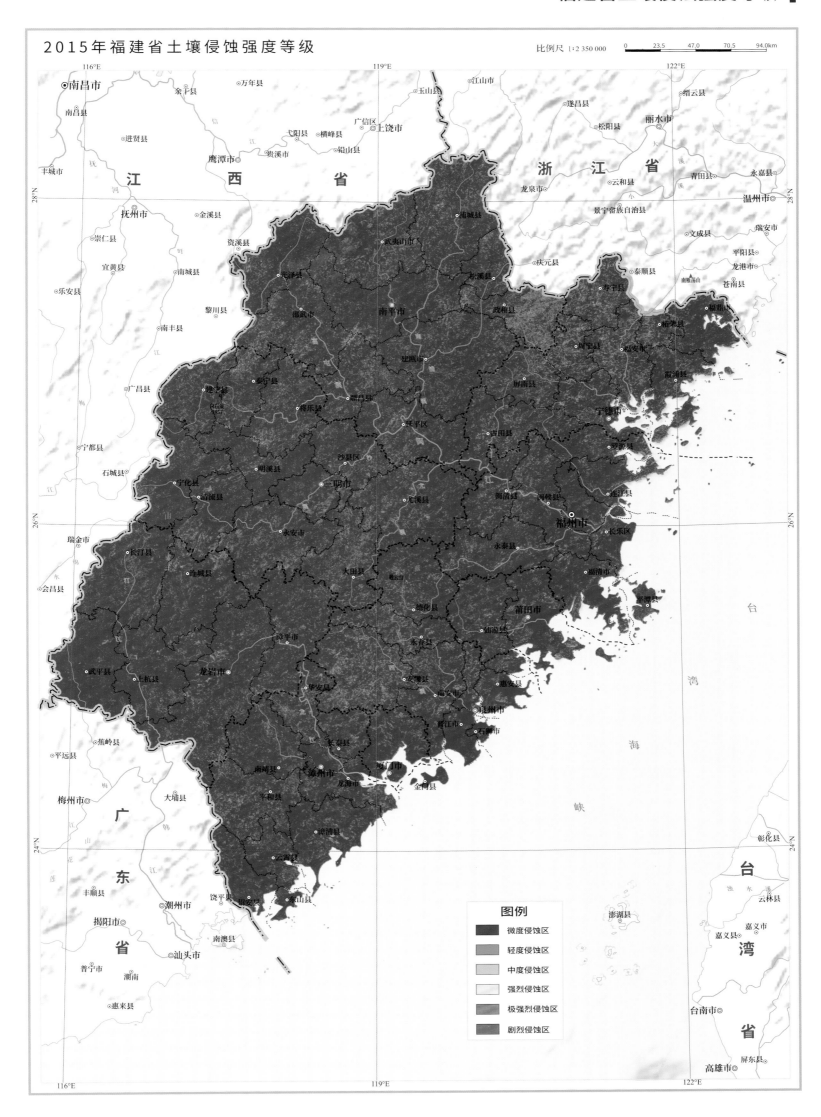

2015年福建省土壤侵蚀强度等级

比例尺 1:2 350 000

图例

微度侵蚀区
轻度侵蚀区
中度侵蚀区
强烈侵蚀区
极强烈侵蚀区
剧烈侵蚀区

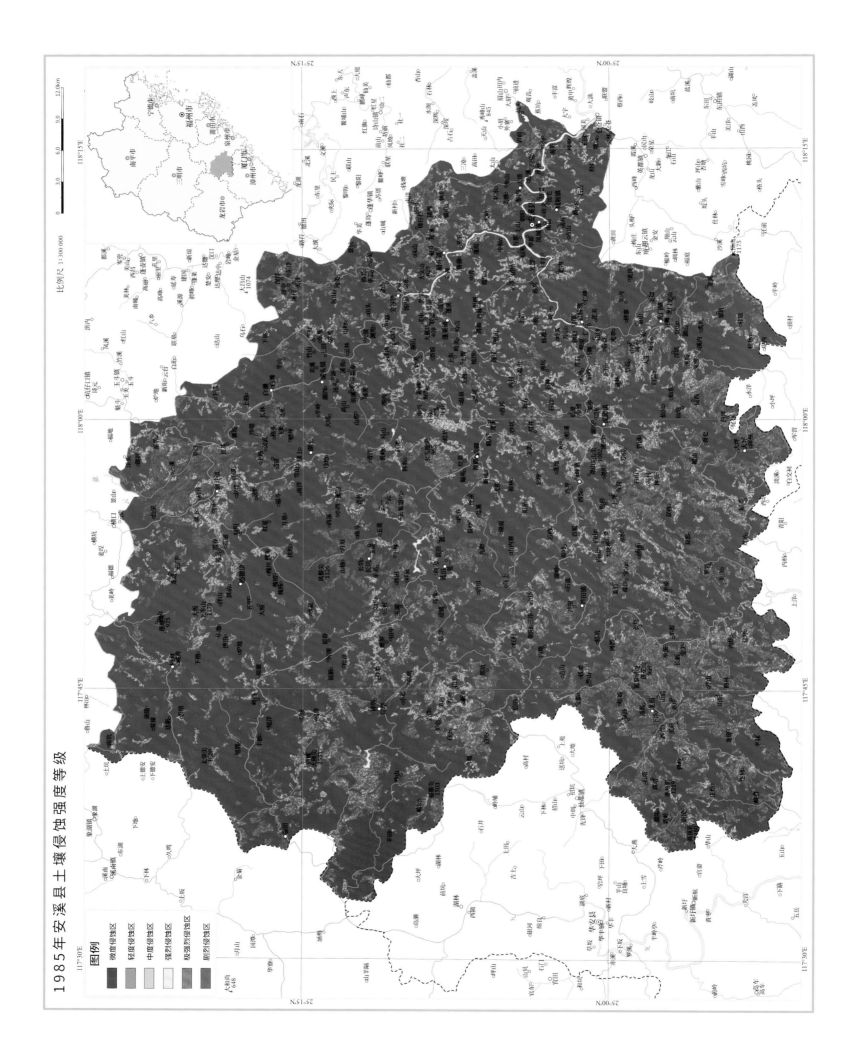

1985年安溪县土壤侵蚀强度等级

比例尺 1:300 000

图例
- 微度侵蚀区
- 轻度侵蚀区
- 中度侵蚀区
- 强烈侵蚀区
- 极强烈侵蚀区
- 剧烈侵蚀区

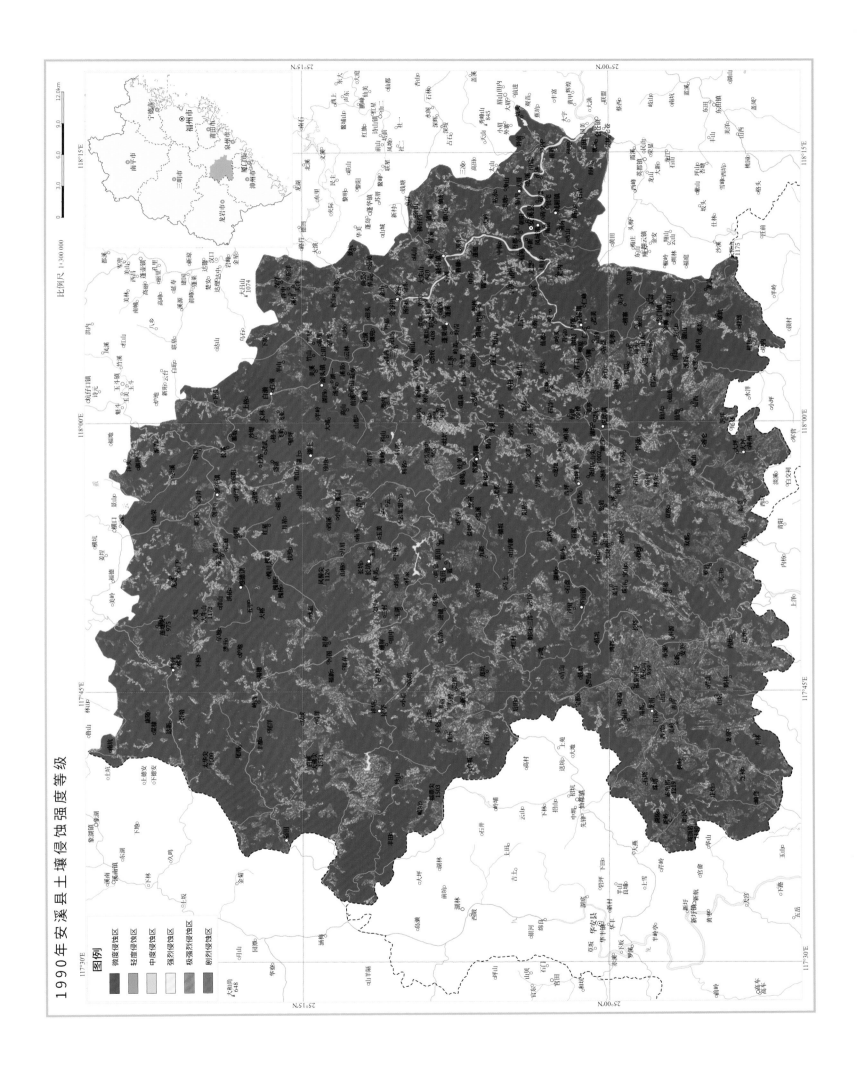

安溪县土壤侵蚀强度等级

红壤区
土壤侵蚀地图集

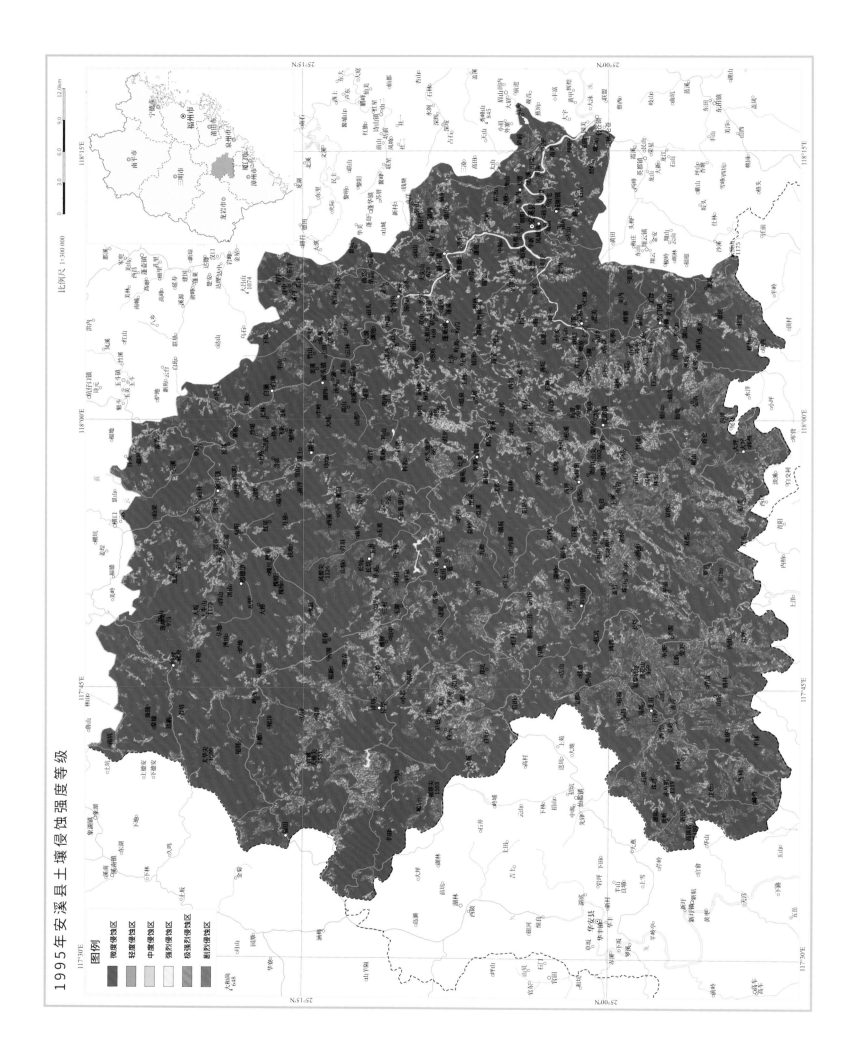

1995年安溪县土壤侵蚀强度等级

图例

- 微度侵蚀区
- 轻度侵蚀区
- 中度侵蚀区
- 强度侵蚀区
- 极强烈侵蚀区
- 剧烈侵蚀区

比例尺 1:300 000

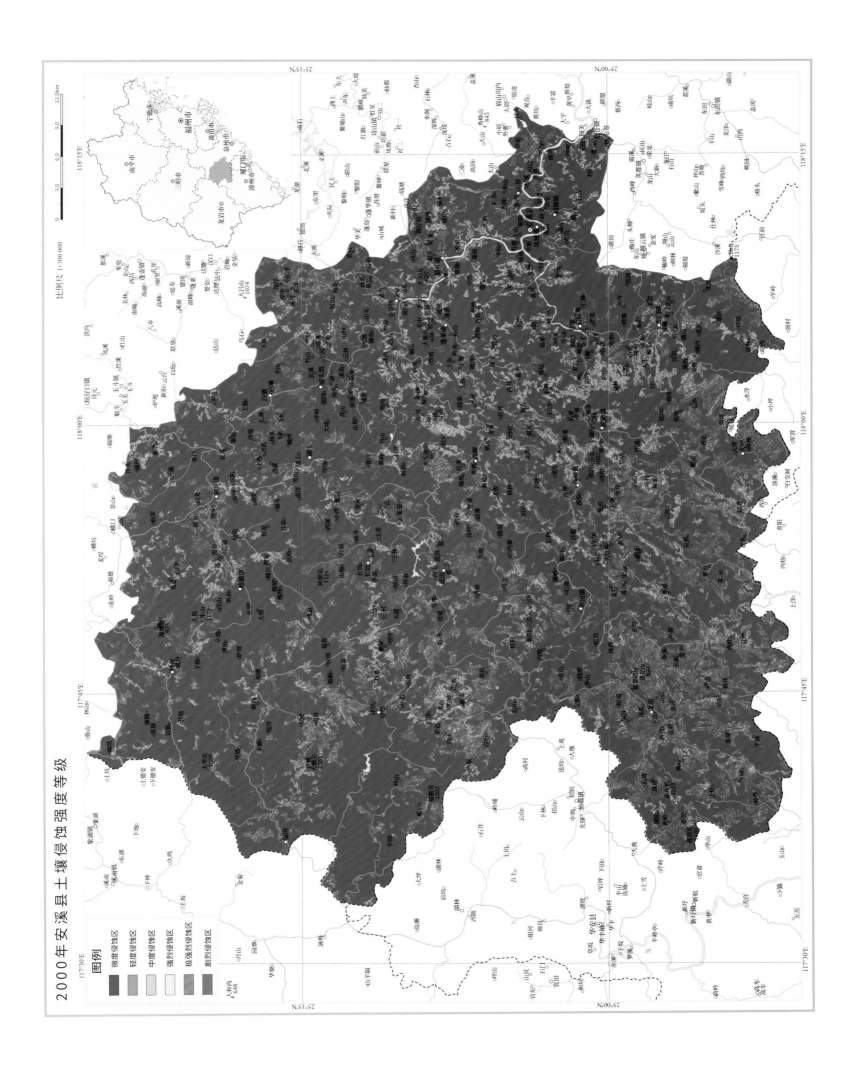

红壤区
土壤侵蚀地图集

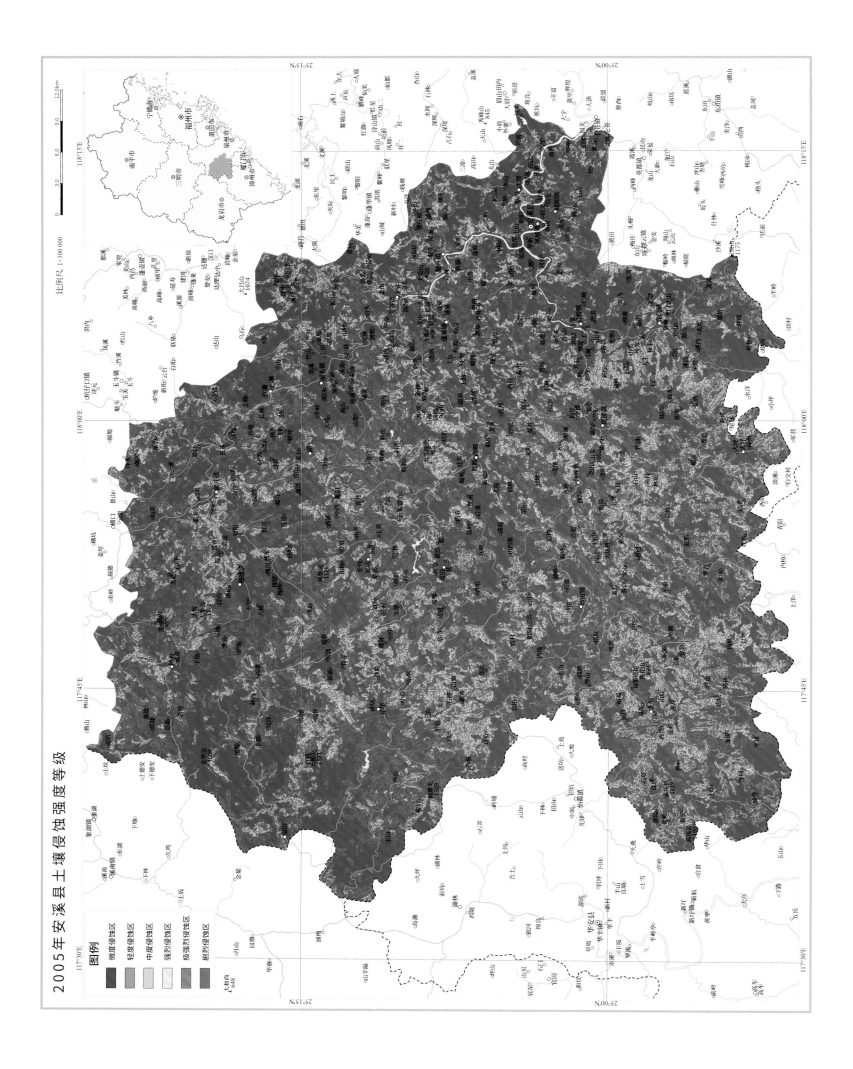

2005年安溪县土壤侵蚀强度等级

图例
- 微度侵蚀区
- 轻度侵蚀区
- 中度侵蚀区
- 强烈侵蚀区
- 极强烈侵蚀区
- 剧烈侵蚀区

比例尺 1:300 000

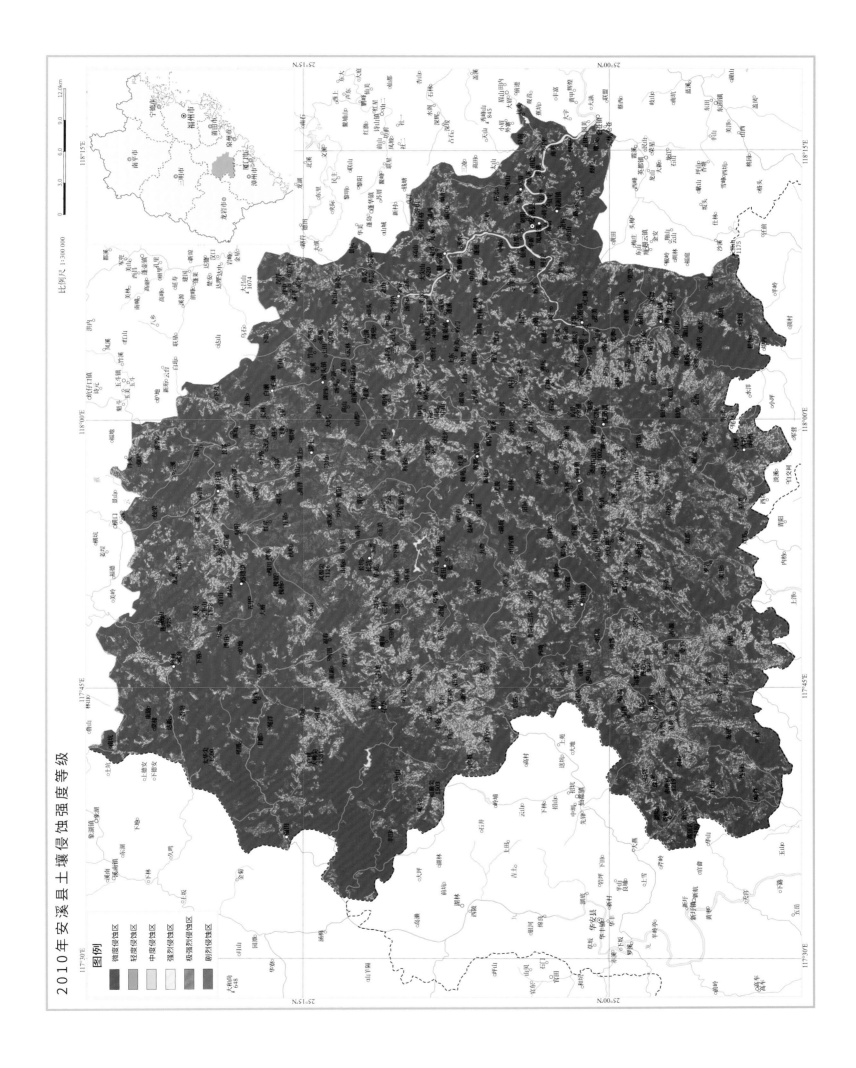

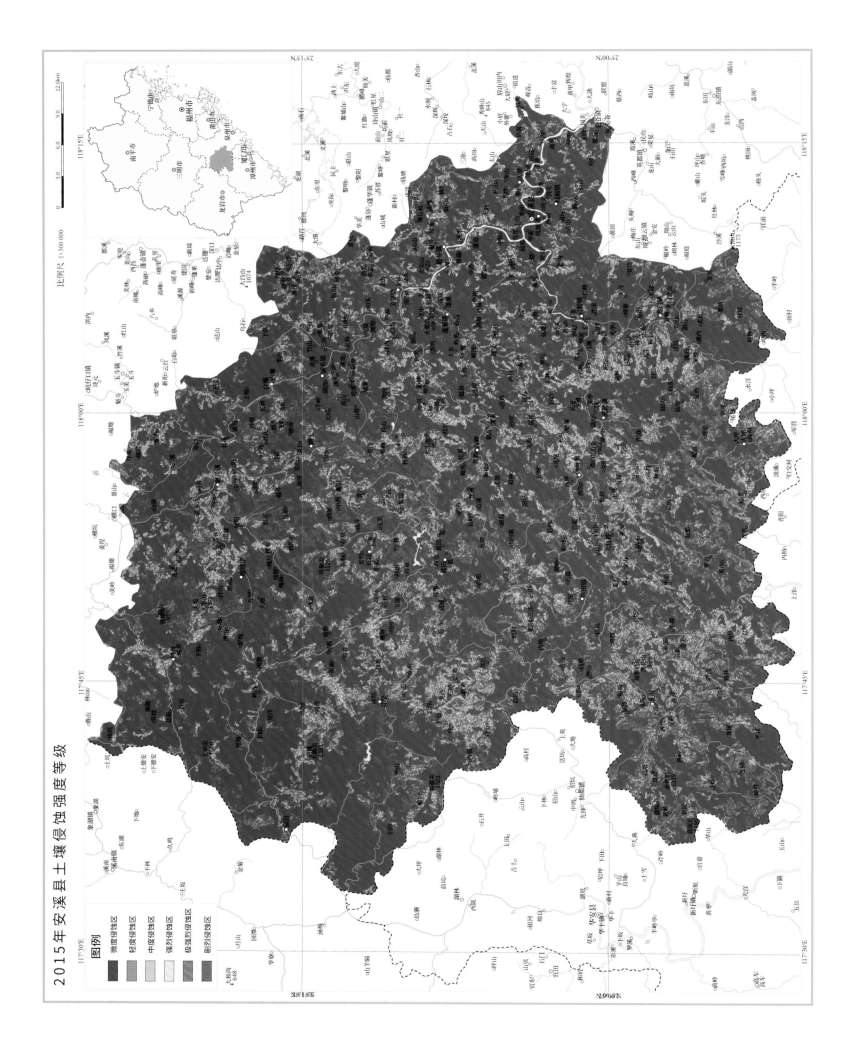

2015年安溪县土壤侵蚀强度等级

图例

- 微度侵蚀区
- 轻度侵蚀区
- 中度侵蚀区
- 强烈侵蚀区
- 极强烈侵蚀区
- 剧烈侵蚀区

1985年长汀县土壤侵蚀强度等级

比例尺 1:300 000

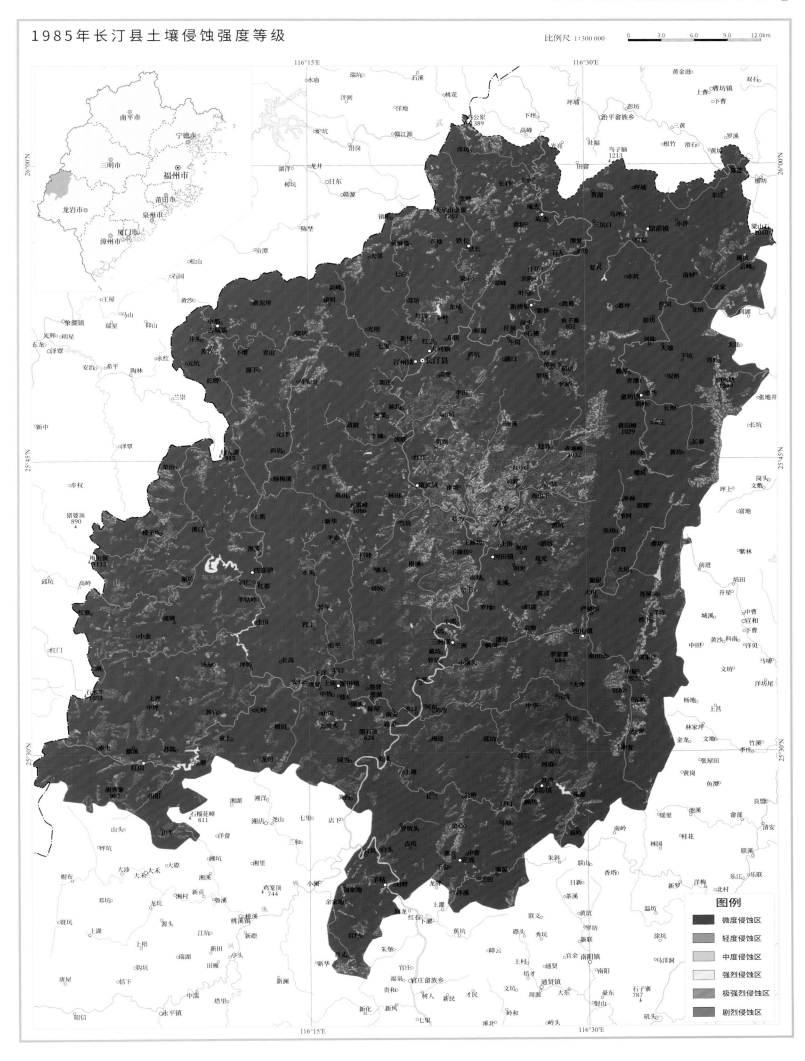

图例

- 微度侵蚀区
- 轻度侵蚀区
- 中度侵蚀区
- 强烈侵蚀区
- 极强侵蚀区
- 剧烈侵蚀区

1990年长汀县土壤侵蚀强度等级

比例尺 1:300 000

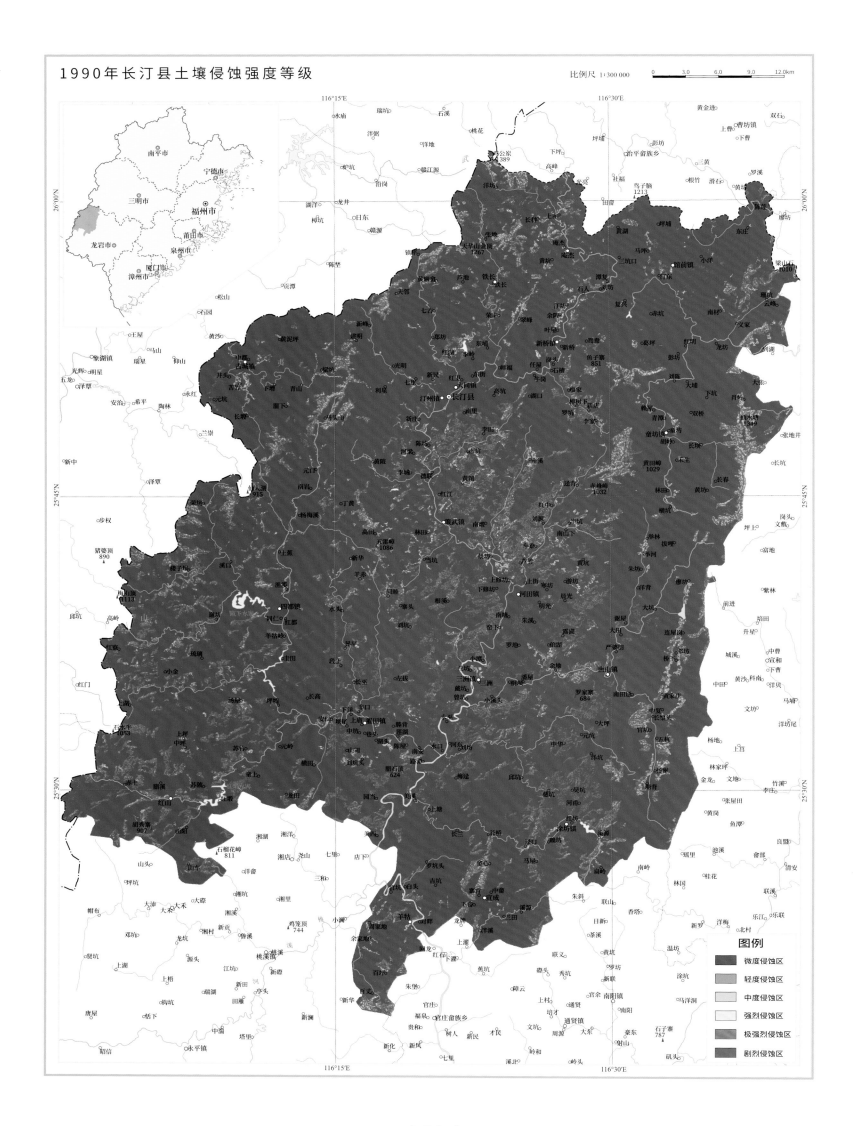

图例

- 微度侵蚀区
- 轻度侵蚀区
- 中度侵蚀区
- 强度侵蚀区
- 极强烈侵蚀区
- 剧烈侵蚀区

1995年长汀县土壤侵蚀强度等级

比例尺 1:300 000

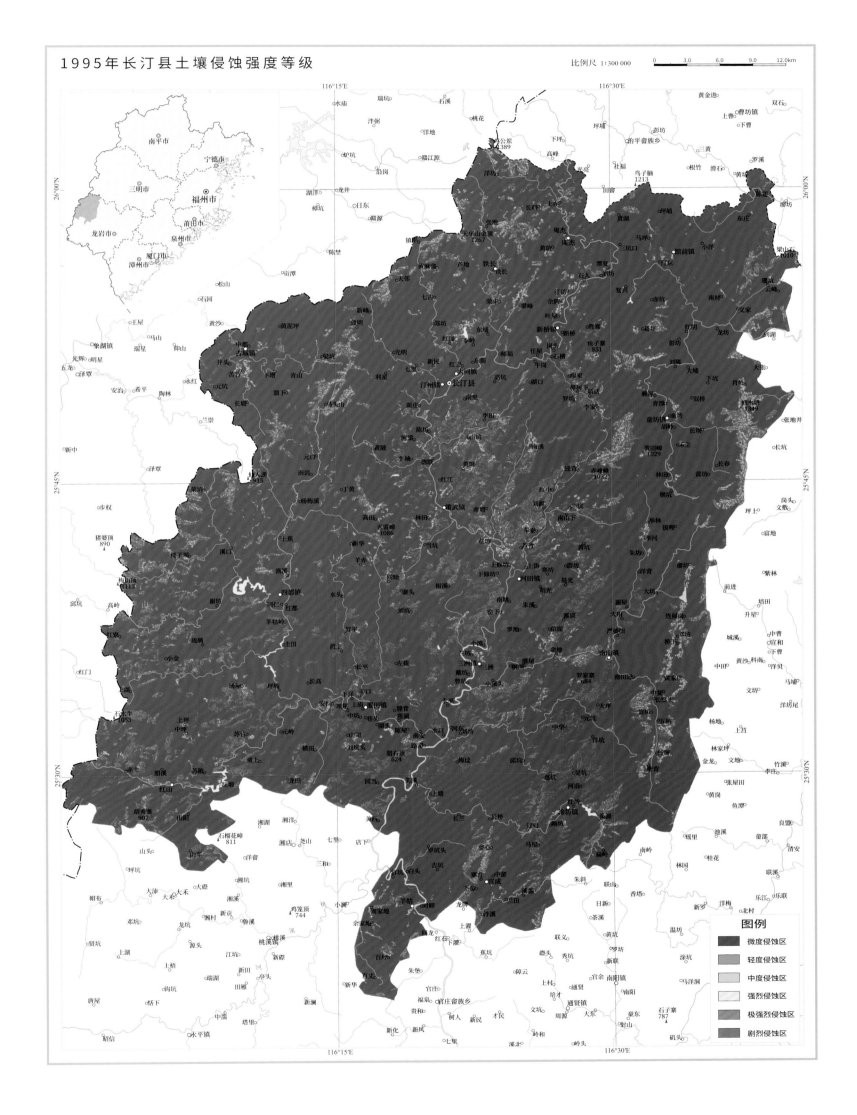

图例

- 微度侵蚀区
- 轻度侵蚀区
- 中度侵蚀区
- 强烈侵蚀区
- 极强烈侵蚀区
- 剧烈侵蚀区

红壤区
土壤侵蚀地图集

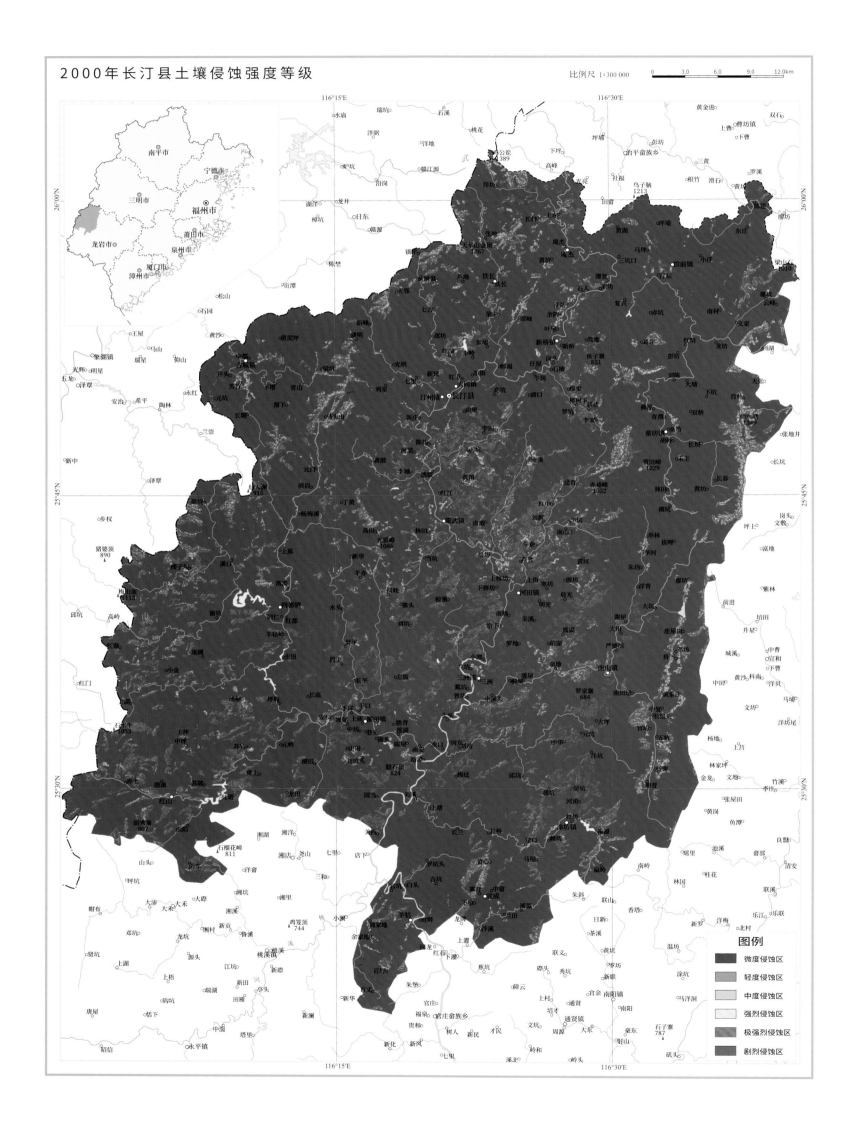

2000年长汀县土壤侵蚀强度等级

比例尺 1:300 000

图例

微度侵蚀区
轻度侵蚀区
中度侵蚀区
强烈侵蚀区
极强烈侵蚀区
剧烈侵蚀区

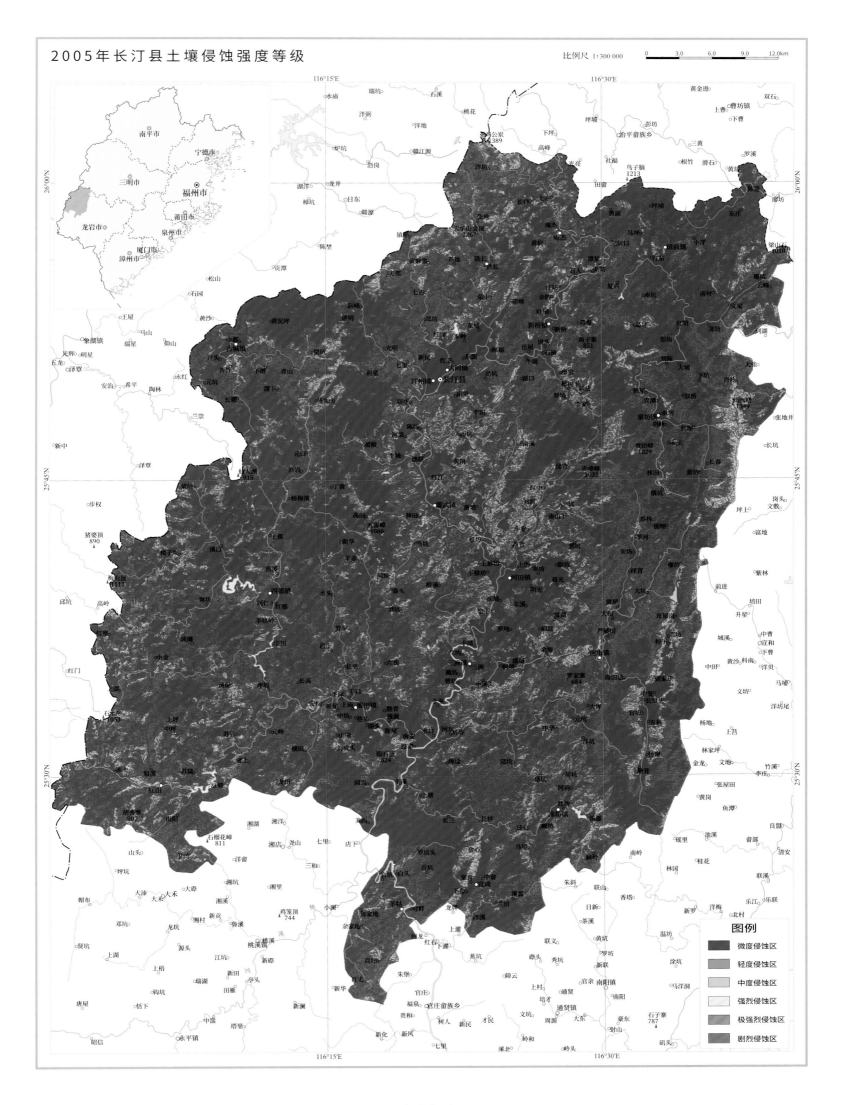

2005年长汀县土壤侵蚀强度等级

比例尺 1:300 000

图例

微度侵蚀区
轻度侵蚀区
中度侵蚀区
强烈侵蚀区
极强烈侵蚀区
剧烈侵蚀区

红壤区
土壤侵蚀地图集

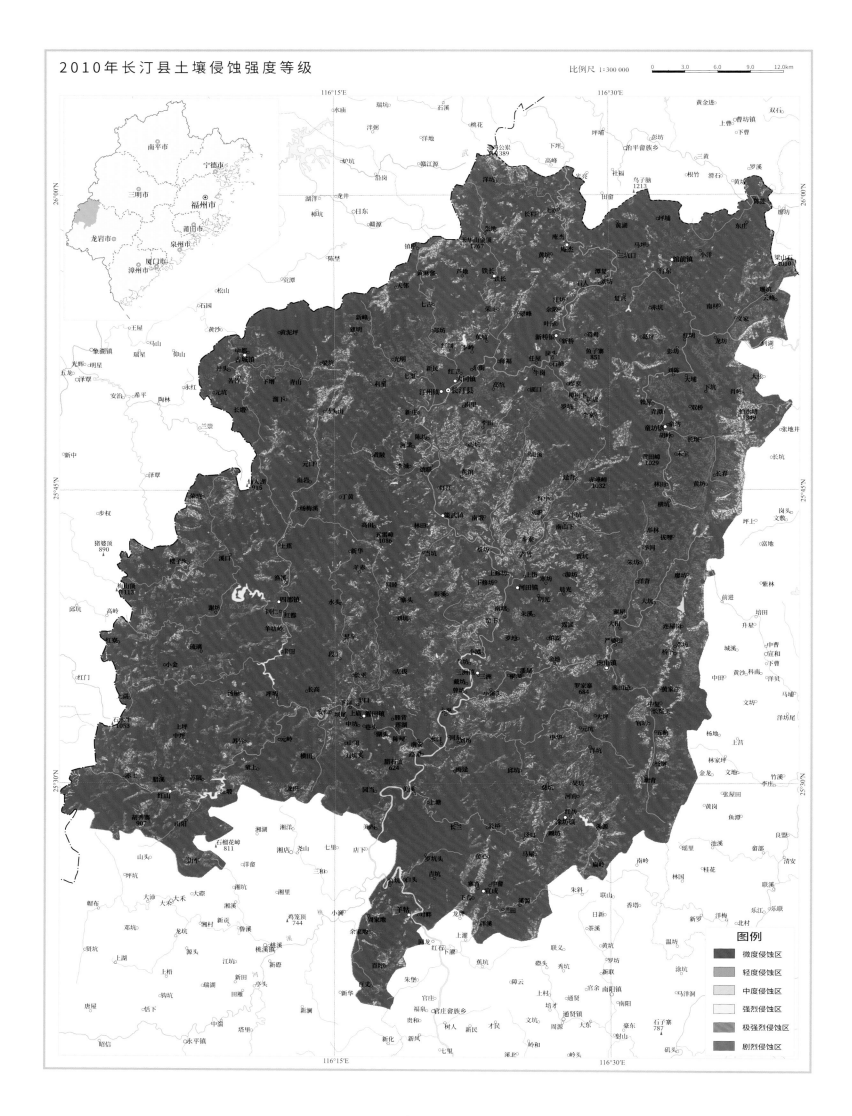

2010年长汀县土壤侵蚀强度等级

比例尺 1:300 000

图例

- 微度侵蚀区
- 轻度侵蚀区
- 中度侵蚀区
- 强烈侵蚀区
- 极强烈侵蚀区
- 剧烈侵蚀区

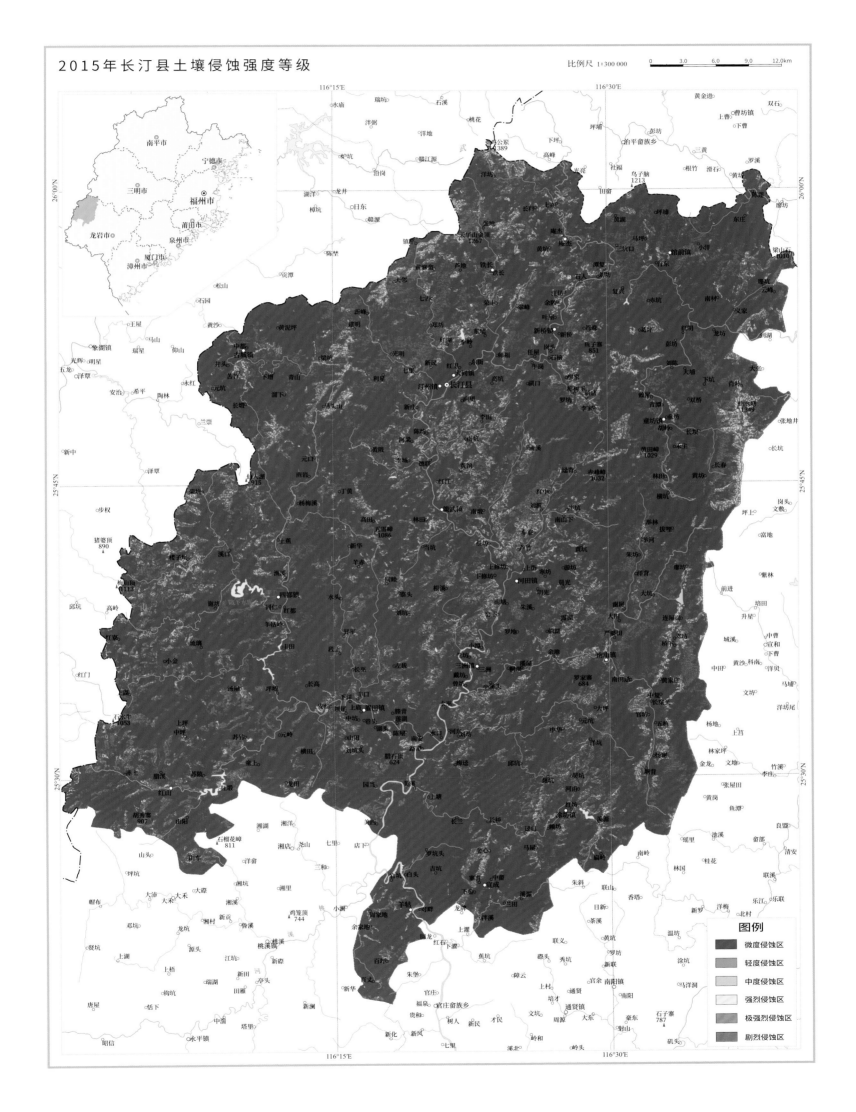

2015年长汀县土壤侵蚀强度等级

比例尺 1:300 000

图例
微度侵蚀区
轻度侵蚀区
中度侵蚀区
强烈侵蚀区
极强烈侵蚀区
剧烈侵蚀区

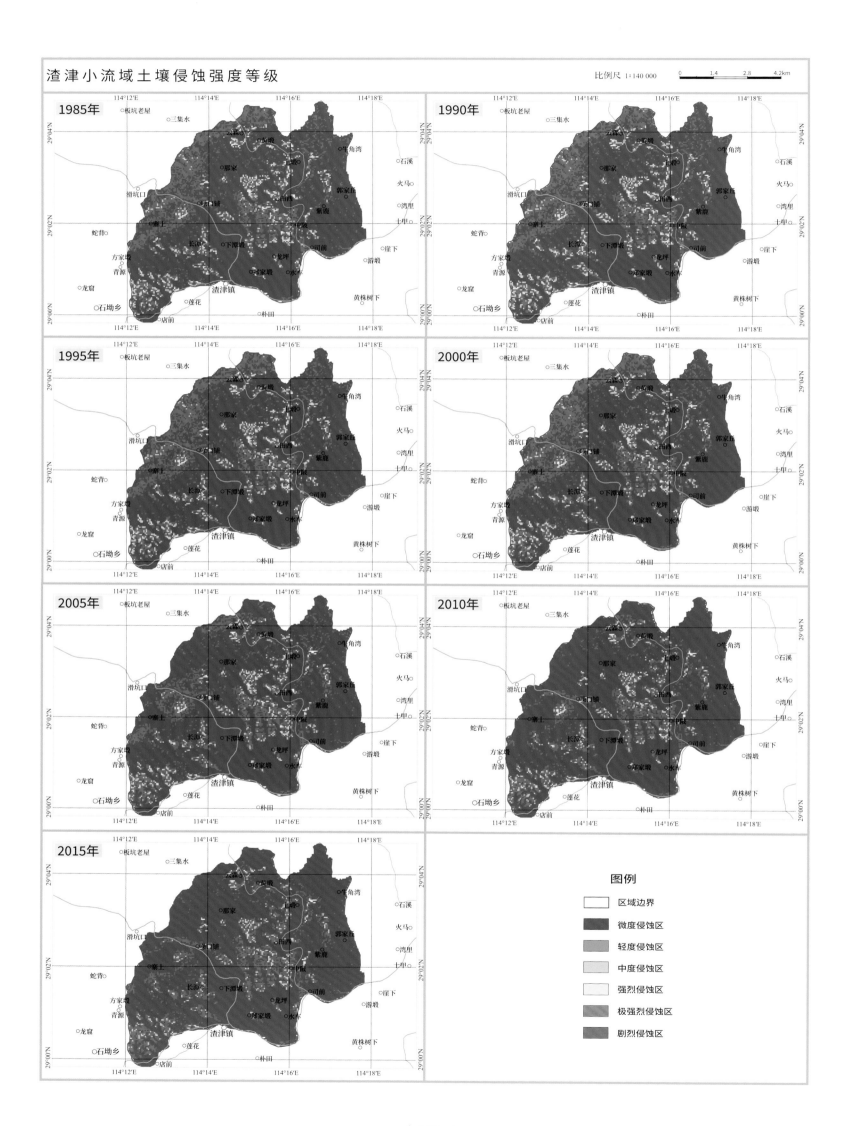

渣津小流域土壤侵蚀强度等级

比例尺 1:140 000

图例

区域边界
微度侵蚀区
轻度侵蚀区
中度侵蚀区
强烈侵蚀区
极强烈侵蚀区
剧烈侵蚀区

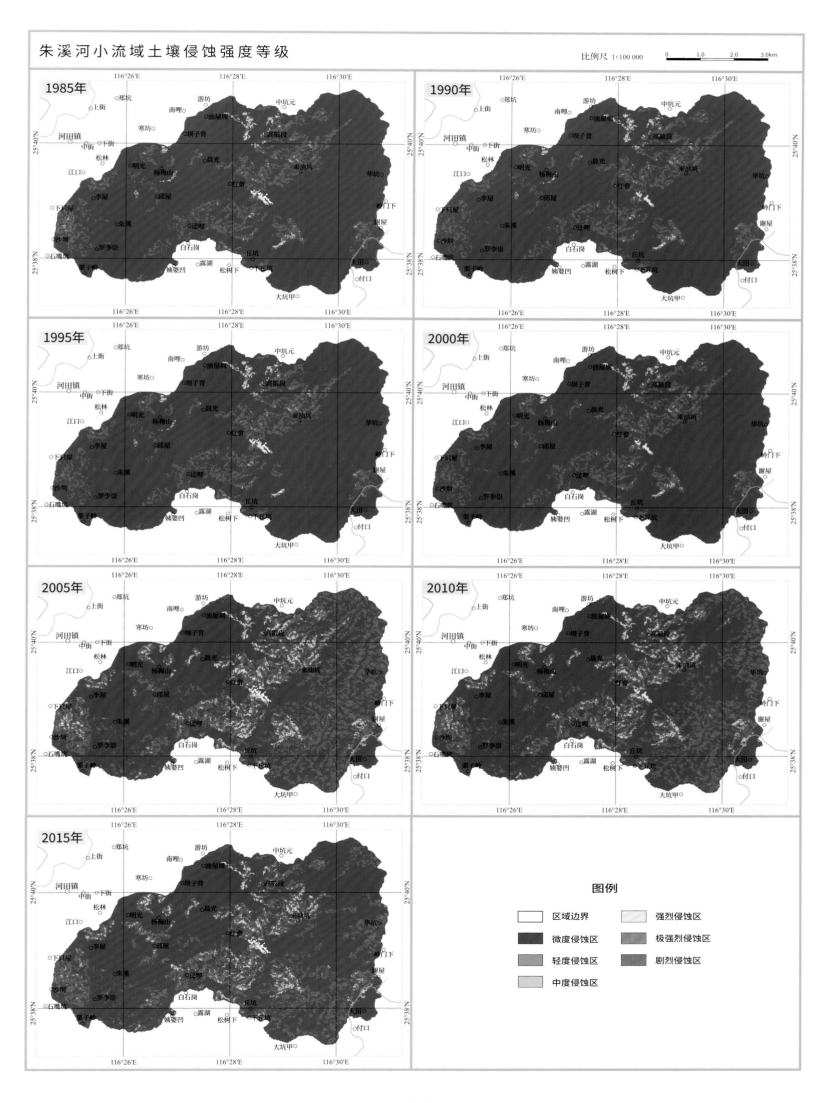

朱溪河小流域土壤侵蚀强度等级

比例尺 1:100 000

图例

区域边界　　　　强烈侵蚀区

微度侵蚀区　　　极强烈侵蚀区

轻度侵蚀区　　　剧烈侵蚀区

中度侵蚀区

红壤区
土壤侵蚀地图集

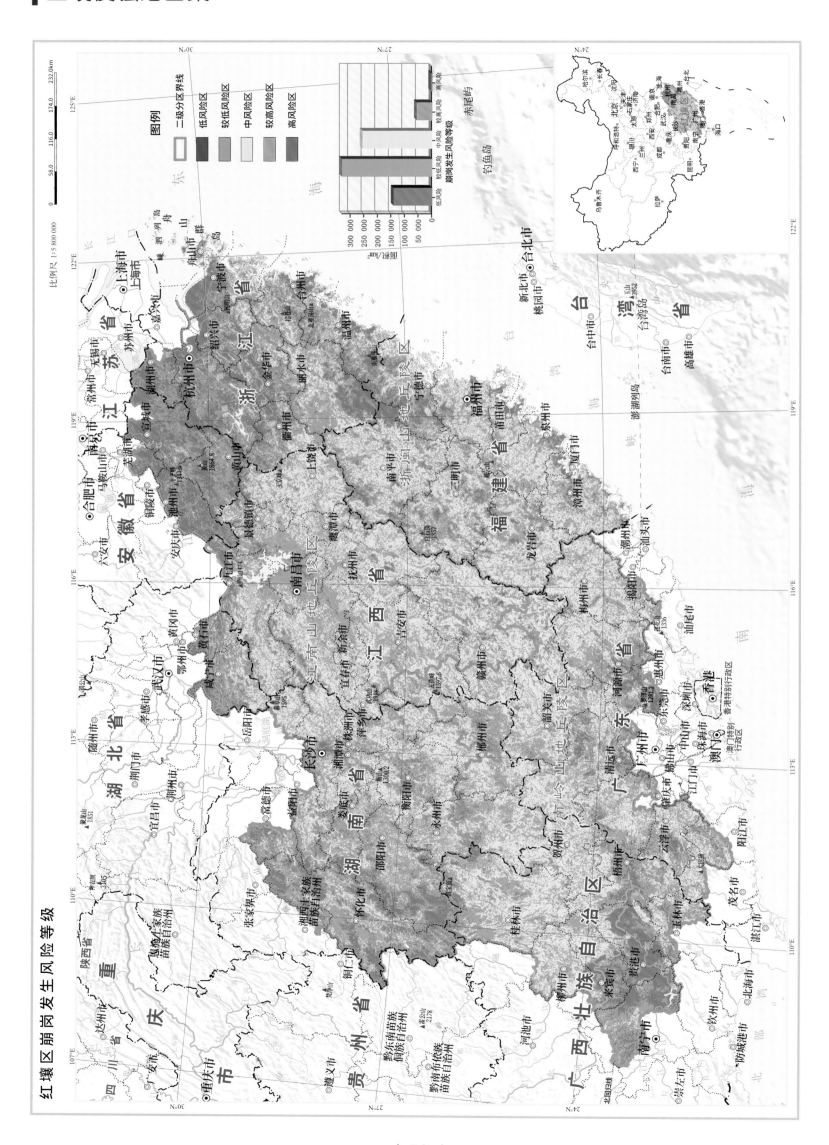

红壤区崩岗发生风险等级

图例
二级分区界线
低风险区
较低风险区
中风险区
较高风险区
高风险区

比例尺 1:5 800 000

第二部分

水土流失人为贡献图组

说　明

　　人类对土壤侵蚀的影响是深远而复杂的，尤其是在人类活动频繁的地区。此外，人类活动在空间和时间尺度上的巨大变异性阻碍了人们全面理解人类活动对区域土壤侵蚀的影响。根据南方红壤低山丘陵区1985~2015年的土壤侵蚀演变趋势开展了基于溯源思维与情景假设的人为贡献定量归因分析，确定了人类活动在侵蚀演变过程中的主导作用。为厘清该土壤侵蚀演变过程中的人为因素，结合地理探测器和结构方程建模剖析了人为社会因子对区域水土流失演变格局、演变速率、演化方向的影响机制。基于研究结果，本图集系统地编制了水土流失人为贡献图组，包括人为社会因子图件和土壤侵蚀变化的人为贡献图件。

1　人为社会因子

　　在收集与重建的长时间序列数据集的基础上，利用 ArcGIS 10.2 软件空间内插方法，构建了研究区 1985~2015 年人为社会因子栅格数据库，利用地理探测器验证各因子与土壤侵蚀相关性，并基于 SmartPLS 3 软件构建结构方程模型衡量人为社会因子对南方红壤低山丘陵区水土流失演变的影响程度。对影响 1985~2015 年南方红壤低山丘陵区水土流失演变的人为社会因子，包括 GDP、产业结构、房地产投资、农村劳动力进行了系统分析。

2　土壤侵蚀变化的人为贡献

　　依据土壤侵蚀及其发展对气候变化和人类活动的响应方式，完成基于栅格尺度人为/自然影响程度的剥离，确定两者对土壤侵蚀变化的相对贡献，并体现其时空变异特征。将土地利用变化引起的侵蚀变化视为人类贡献，并根据土地利用转化类型进行划分。例如，以牺牲森林和裸地为代价的农业用地的增加将加剧土壤侵蚀。在侵蚀发生变化而土地利用方式保持不变的地区，从 CSLE 模型的角度来区分人为和自然的贡献。土壤可蚀性因子（K）和坡度坡长因子（LS）在三十年时间跨度上被认为维持不变，降雨侵蚀力因子（R）被认定为自然贡献，工程措施因子（E）和耕作措施因子（T）的变化被认为是人为贡献。R、E、T分别对侵蚀变化的贡献由栅格因子值的变化决定，因子值减小则说明该因子的变化促进了土壤侵蚀的减轻，反之说明该因子加剧了相应区域的土壤侵蚀。

　　植被退化和植被恢复同时受到自然和人为因素的影响，这导致生物措施因子（B）变化对侵蚀变化的贡献不能单一归为自然或人为。本图集采用残差趋势法（RESTREND）剥离生物措施因子（B）变化的人为和自然影响。基于最大值合成法（MVC）获得的年最大 NDVI 与观测到的气候数据（包括年平均温度和累计降雨量），通过逐像元地建立植被状况与气候条件的回归模型计算 NDVI 残差（观测值与模拟值间差值），检测其相对于时间的趋势：如果残差没有随时间变化的趋势，则表示由植被状况体现的生物措施因子（B）变化被认为是由自然因素造成的，若残差呈下降或上升趋势，表明该阶段人为活动导致了植被变化，斜率反映了人为活动贡献的方向（加剧/减轻）和强度。构建生物措施因子（B）人类贡献指数（$C_{B\text{-human}}$）反映人类活动对生物措施因子（B）变化的影响：

$$C_{B\text{-human}} = \frac{\text{Slope}_{\text{res}}}{\text{Abs}(\text{Slope}_{\text{res}}) + \text{Abs}(\text{Slope}_{\text{pre}})}$$

式中，$\mathrm{Slope_{res}}$ 和 $\mathrm{Slope_{pre}}$ 分别表示 NDVI 残差和预测值相对于时间的趋势斜率。

当 R、B、E、T 中的两个及以上因子同时发生变化导致侵蚀变化时，每个因子的权重（W_A）由其变化率确定，综合人类贡献（C_{human}）为各因子人类贡献的加权和：

$$W_A = \frac{\mathrm{Abs}(P_A)}{\sum\limits_{1}^{k}(\mathrm{Abs}(P_k))}$$

式中，W_A 为 A 因子变化对土壤侵蚀变化的相对贡献权重（无量纲）；P_A 为 A 因子变化率（无量纲）。$\sum\limits_{1}^{k}(\mathrm{Abs}(P_k))$ 表示各因子变化率绝对值之和。

$$C_{\mathrm{human}} = \sum\limits_{1}^{k}(W_k \times C_{k\text{-human}})$$

式中，C_{human} 为综合人为贡献指数；$\sum\limits_{1}^{k}(W_k \times C_{k\text{-human}})$ 表示各因子人类贡献指数值（$C_{k\text{-human}}$）与因子相对贡献权重（W_k）乘积之和。

综合人为贡献指数值域为 $[-1,1]$，负值表示人为活动导致侵蚀减轻，-1 表示该区域土壤侵蚀减轻 100% 为人为贡献；正值表示人为活动导致侵蚀加剧，1 表示该区域土壤侵蚀加剧 100% 为人为贡献。基于等距分组法划分人为贡献程度，见表 2-1。

表 2-1　基于等距分组法划分人为贡献程度

综合人为贡献指数 C_{human}	人为贡献等级
$-1.0 \sim -0.5$	显著减轻侵蚀
$-0.5 \sim 0$	减轻侵蚀
$0 \sim 0.5$	加剧侵蚀
$0.5 \sim 1.0$	显著加剧侵蚀

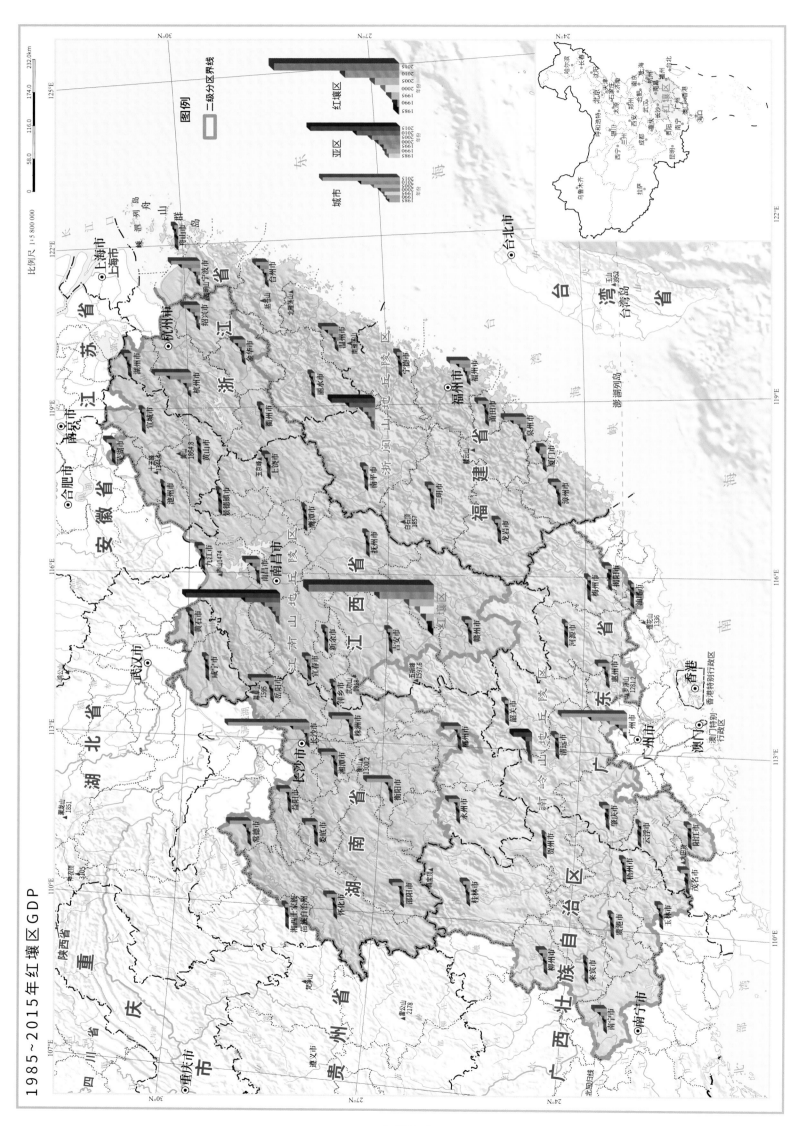

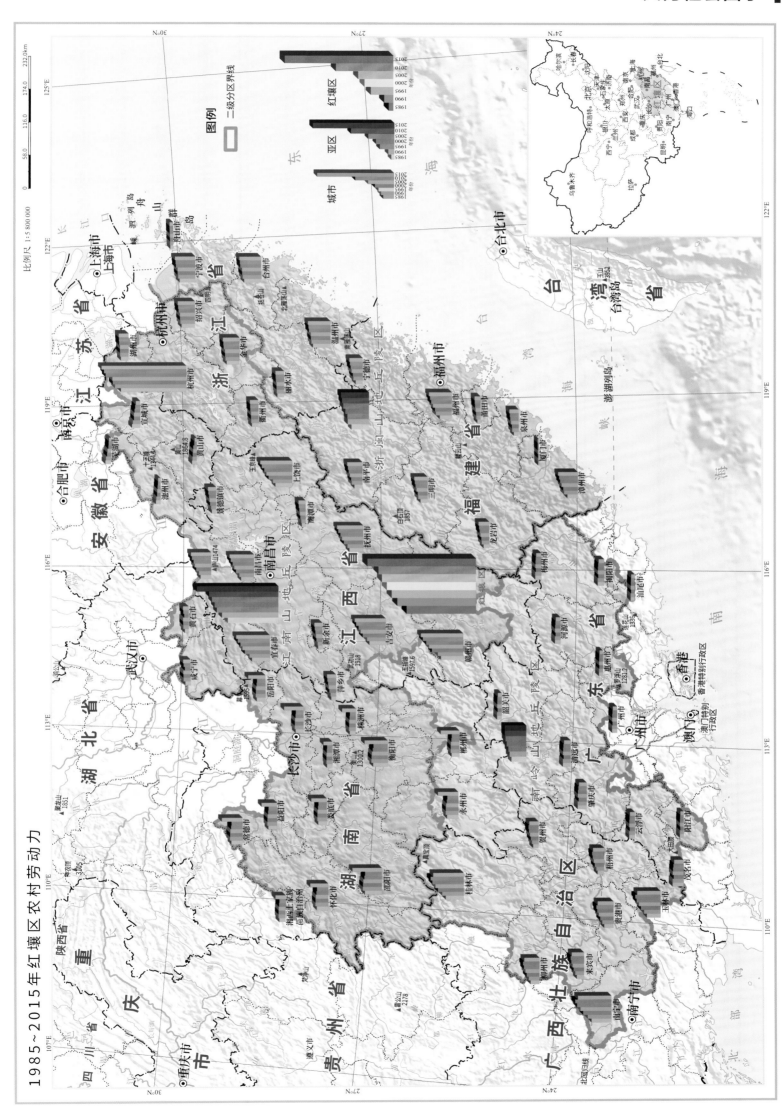

1985~2015年红壤区农村劳动力

红壤区

土壤侵蚀地图集

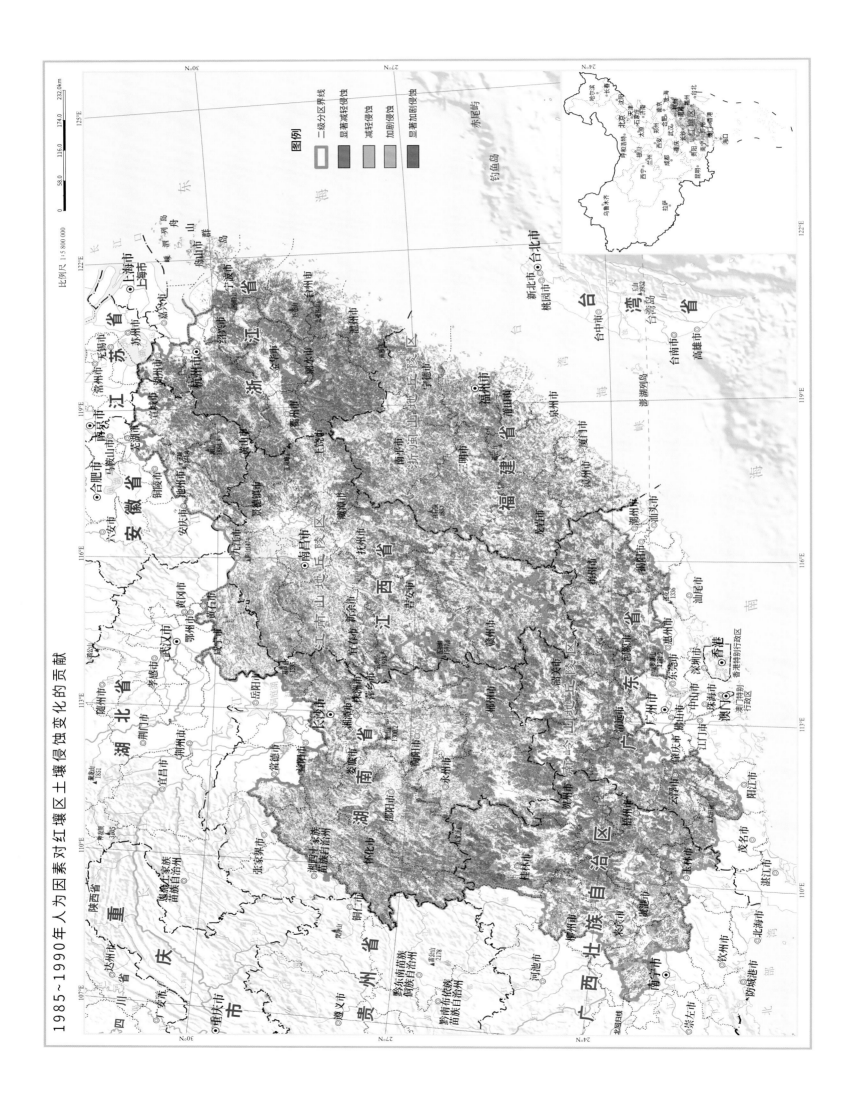

1985～1990年人为因素对红壤区土壤侵蚀变化的贡献

图例

二级分区界线

显著减轻侵蚀

减轻侵蚀

加剧侵蚀

显著加剧侵蚀

比例尺 1:5 800 000

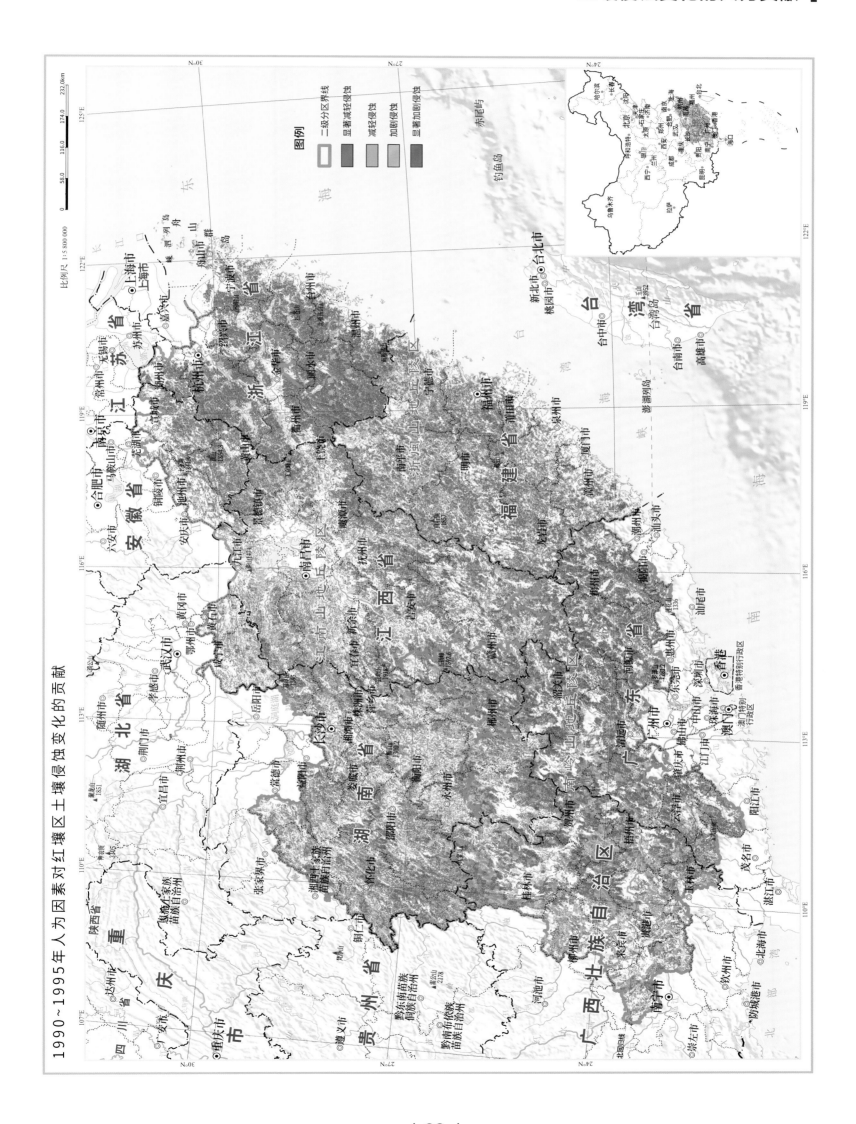

1990~1995年人为因素对红壤区土壤侵蚀变化的贡献

图例

二级分区界线

显著减轻侵蚀

减轻侵蚀

加剧侵蚀

显著加剧侵蚀

比例尺 1:5 800 000

红壤区
土壤侵蚀地图集

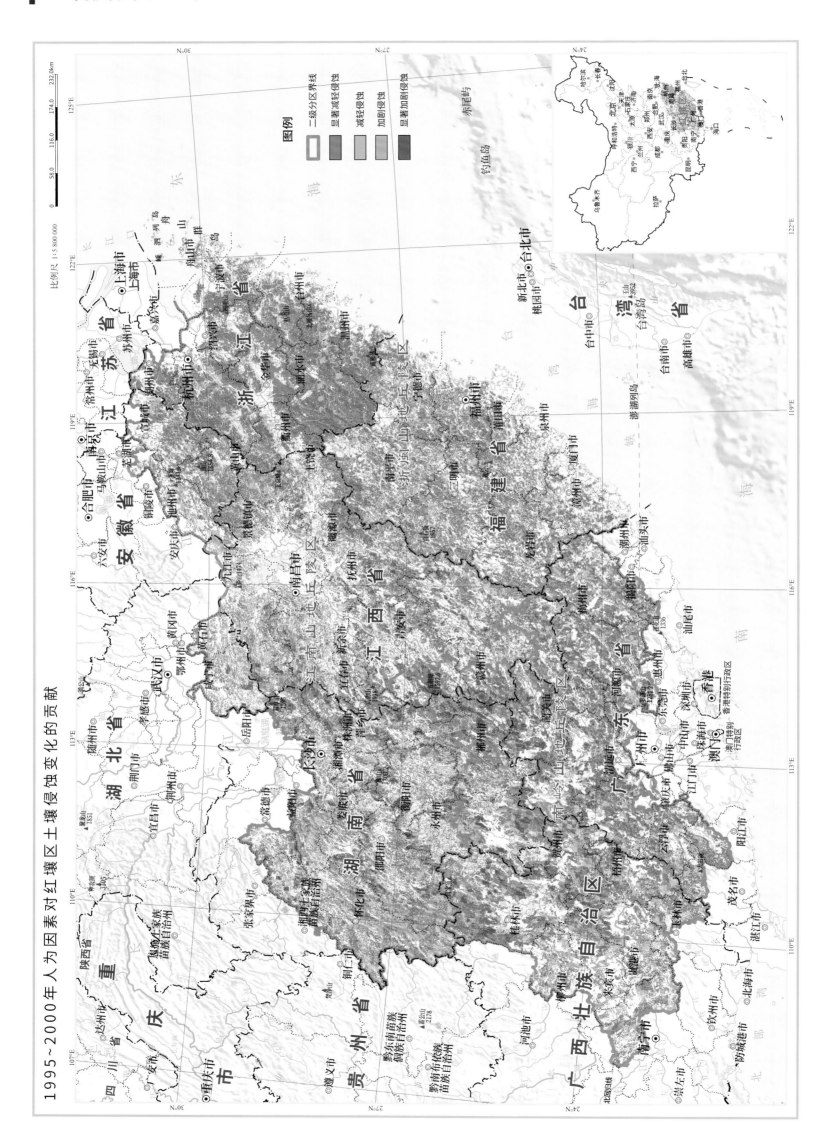

1995～2000年人为因素对红壤区土壤侵蚀变化的贡献

图例

二级分区界线
显著减轻侵蚀
减轻侵蚀
加剧侵蚀
显著加剧侵蚀

比例尺 1:5 800 000

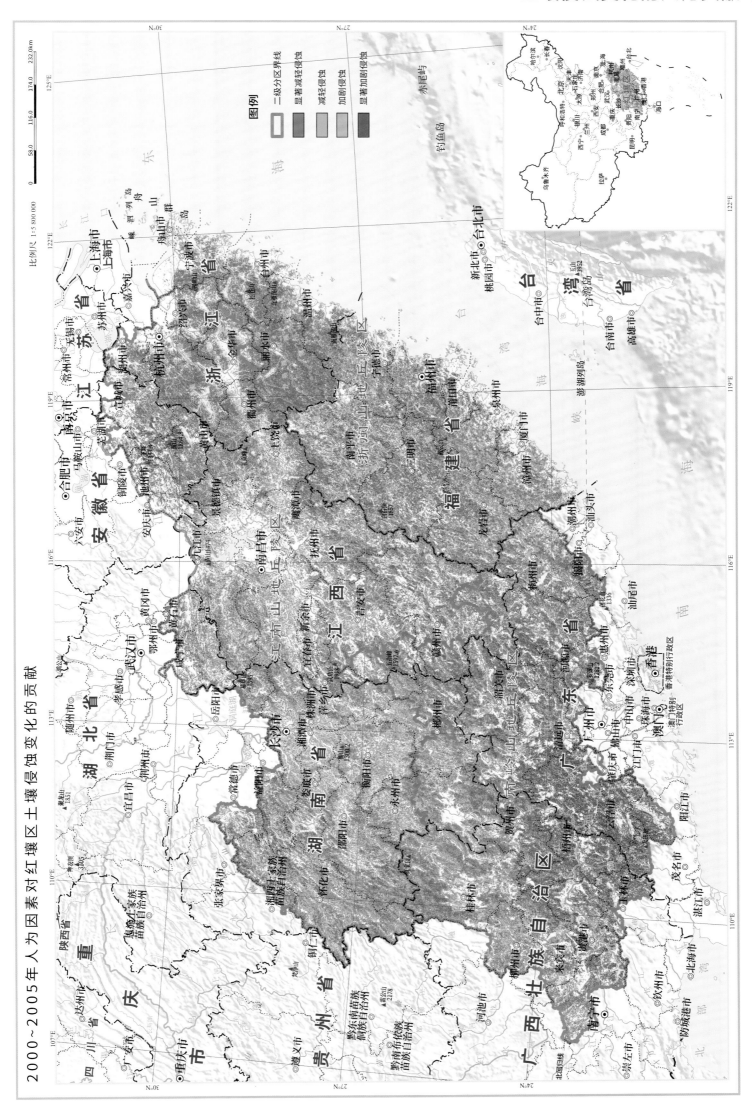

2000~2005年人为因素对红壤区土壤侵蚀变化的贡献

红壤区

土壤侵蚀地图集

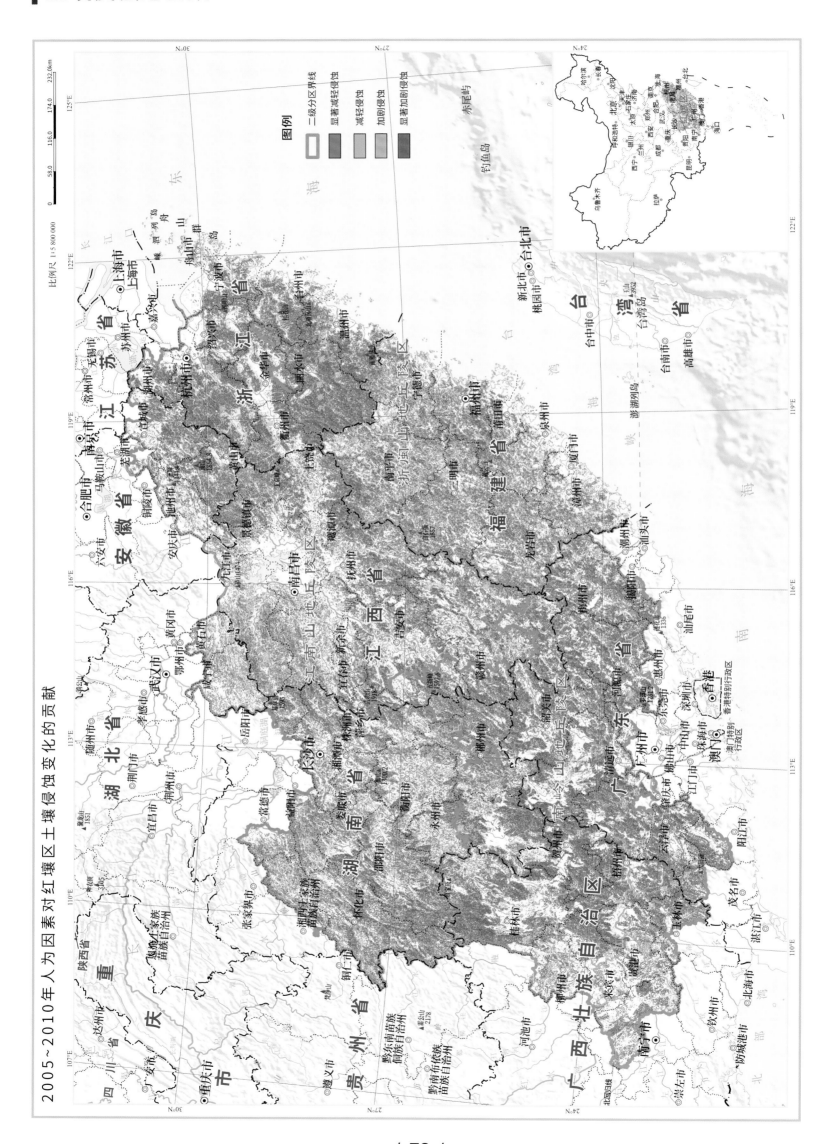

2005～2010年人为因素对红壤区土壤侵蚀变化的贡献

图例

二级分区界线

显著减轻侵蚀

减轻侵蚀

加剧侵蚀

显著加剧侵蚀

比例尺 1:5 800 000

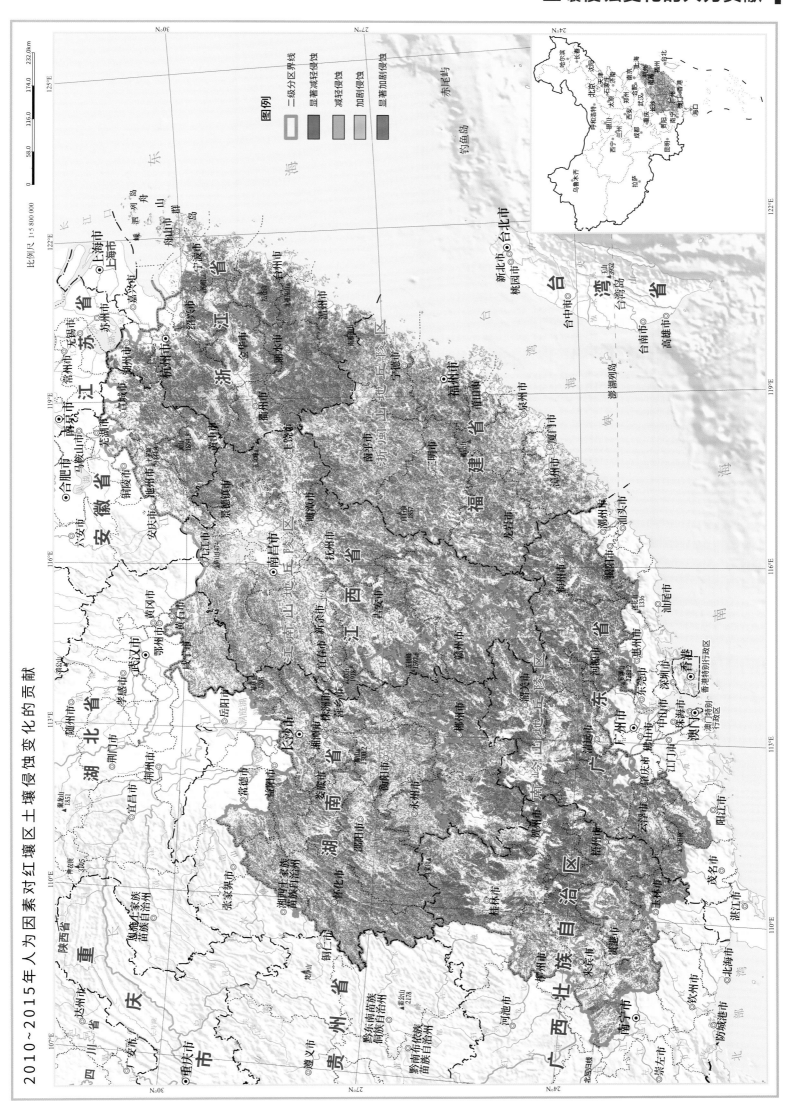

2010～2015年人为因素对红壤区土壤侵蚀变化的贡献

图例
二级分区界线
显著减轻侵蚀
减轻侵蚀
加剧侵蚀
显著加剧侵蚀

比例尺 1:5 800 000

第三部分

水土保持措施分布图组

说　明

　　近三十年来,南方红壤低山丘陵区为提升农业生产水平和生态系统功能,实施了十项水土保持相关工程。工程在实施前期主要集中分布在北部和东南部,之后逐渐覆盖至全区域。20 世纪 80 年代初,国家水土保持重点建设工程（P1）最先在江西和安徽开始实施,随后国家农业综合开发水土保持项目（P2）开始实施,均旨在控制农田的水土流失,增加粮食产量。沿海防护林体系建设工程（P3）、长江上中游水土保持重点防治工程（P4）相继在浙江、福建、湖南、湖北、江西等地逐步开展。20 世纪末,天然林保护工程（P5）和退耕还林工程（P6）开始在湖北、湖南和江西施行,加大了对农业生产密集区的水土流失治理力度,增加了各类水土保持措施的建设,江西、湖北成为水土保持的主要增长极。但此期间,西南部的广西壮族自治区的土壤侵蚀程度高的土地面积却在增加。21 世纪初,退耕还林工程（P6）先后在湖北、湖南和安徽、广西扩大了实施规模。同时,速生高产木材项目（P7）、中央森林生态效益补偿基金项目（P8）、全国野生动植物保护及自然保护区建设工程（P9）相继实施,这些工程以天然林的保护和培育为主要工作,并在侵蚀严重的坡耕地上植树种草,此阶段浙江东部在 2010 年成为水保措施建设的新增长极。水土保持工程的投资随着我国 GDP 的增长而增长。截至 2010 年,各项水保措施的建设已经实现全区域覆盖（表 3-1）。

表 3-1　红壤丘陵区主要水土保持工程实施情况

编号	工程名称	工程范围	主要措施	工程目标
P1	国家水土保持重点建设工程（1983~2017 年）	福建、江西、安徽	分期实施的、有计划、有步骤、集中连片开展的水土流失综合治理	控制水土流失,使农民脱贫致富
P2	国家农业综合开发水土保持项目（1988~2020 年）	全区域	土地改革、土地管理、生态建设、农业基础设施和工业发展	提高水土流失地区农业综合生产能力,提高农业产量和农民收入
P3	沿海防护林体系建设工程（1988~2025 年）	浙江、福建	建设沿海防护林	扩大森林面积,提高森林质量,增强生态功能
P4	长江上中游水土保持重点防治工程（1989 年~）	湖南、湖北、江西	水土保持耕作、水保林、封禁	确保三峡水库的安全运行,促进区域社会经济的快速发展
P5	天然林保护工程（1998~2020 年）	湖南、湖北、江西	天然林的重新分类区划和森林资源管理方向的调整	遏制生态环境恶化,保护生物多样性,促进社会经济可持续发展

编号	工程名称	工程范围	主要措施	工程目标
P6	退耕还林工程 （1999~2020 年）	湖南、湖北、江西、安徽、广西	在水土流失严重的农田造林种草	保护生态环境
P7	速生高产木材项目 （2001~2015 年）	全区域	建立速生丰产林	解决我国优质硬木和大口径木材短缺的问题
P8	中央森林生态效益补偿基金项目 （2001~2016 年）	全区域	生态效益补偿基金	保护生态环境，发挥森林生态效益
P9	全国野生动植物保护及自然保护区建设工程（2001~2050 年）	全区域	保护和培育野生濒危物种，野生动物疫源疫病监测防控	加强野生动物保护和疫源疫病监测防控，加强自然保护区管理
P10	全国坡耕地水土流失综合治理工程（2010~2020 年）	全区域	坡改梯改造，配套建设坡面水系、小型蓄水工程	对水土流失严重、坡耕地面积比例大、人口密度大的缺粮地区及水库库区的 1 亿亩坡耕地实施坡改梯改造

　　基于区域和省域尺度收集整理的 2010 年第一次全国水利普查水土保持普查分县数据，以县域为基本单元统计各项水土保持措施面积并完成制图。在县域尺度上收集整理县域各项水土保持综合治理工程各项措施完成情况统计数据（或水土保持措施分布图），以乡镇为基本单元统计各项水土保持措施面积（或整理并矢量化）并制图。在小流域尺度汇总整理各个小流域水土保持综合治理工程产生的措施分布图，矢量化整合并制图。本图集系统编制了南方红壤低山丘陵区、典型省域、典型县域以及典型小流域的水土保持措施分布图件。

红壤区
土壤侵蚀地图集

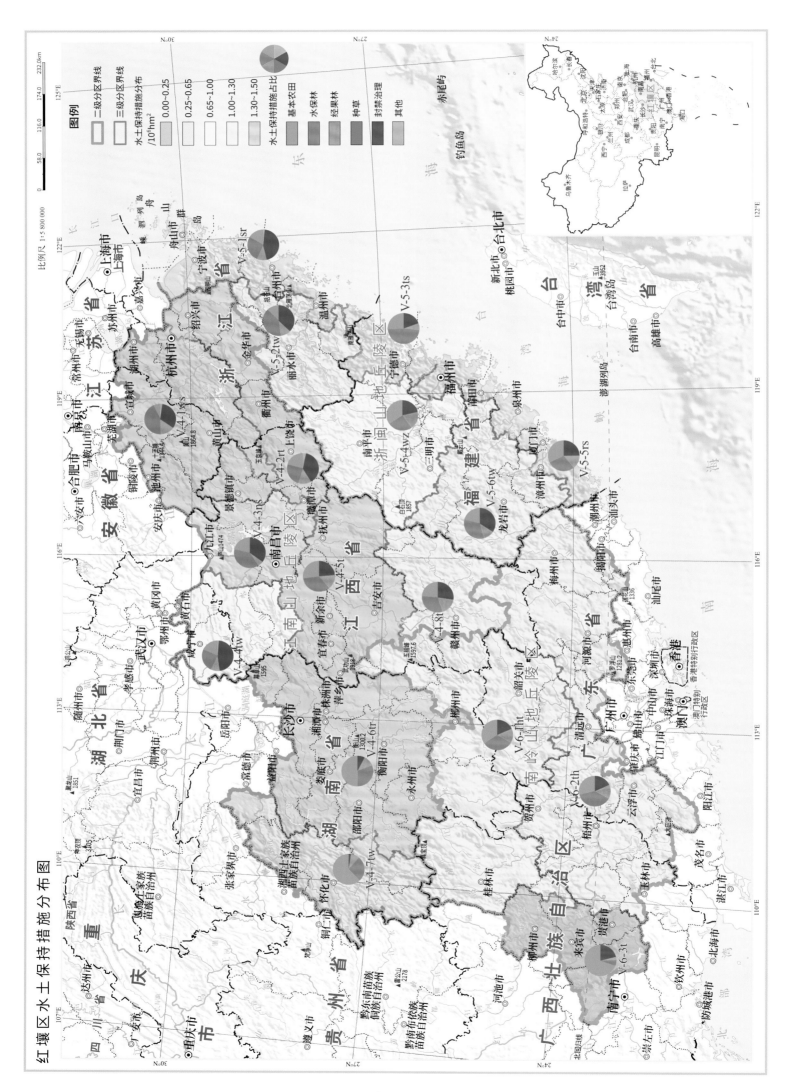

红壤区水土保持措施分布图

比例尺 1:5 800 000

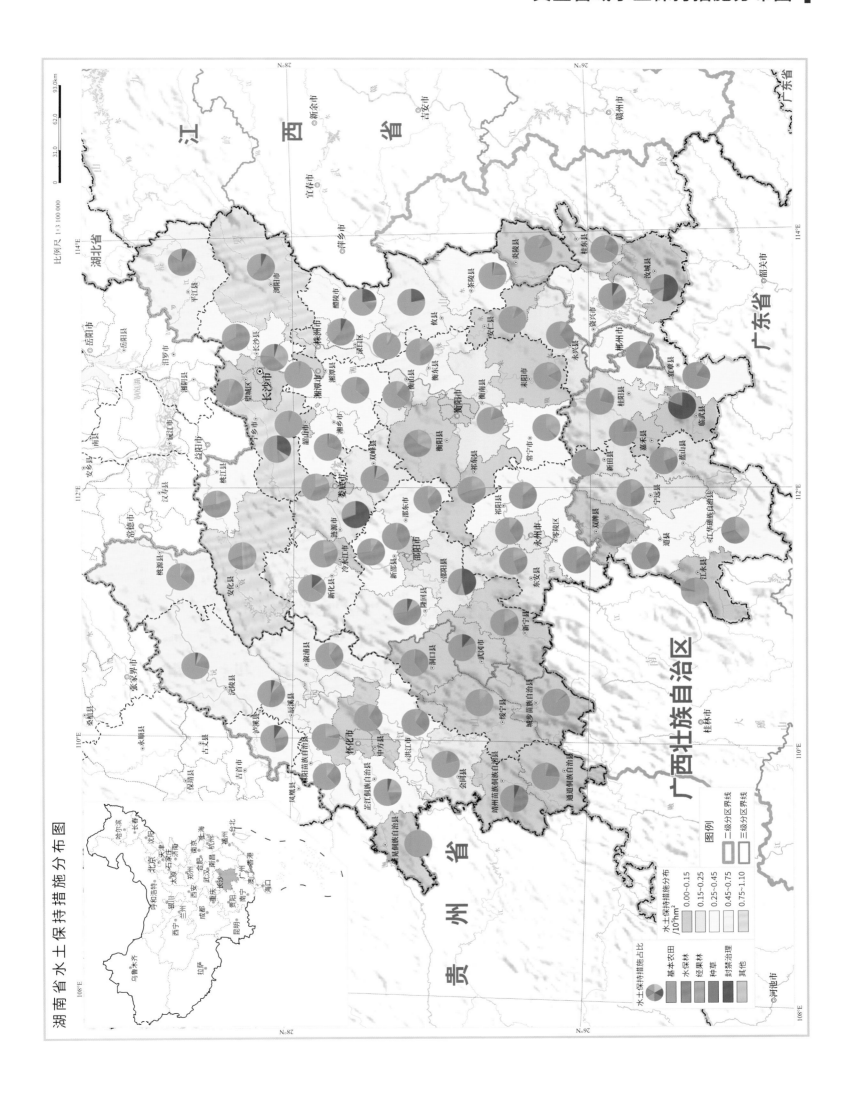

湖南省水土保持措施分布图

红壤区
土壤侵蚀地图集

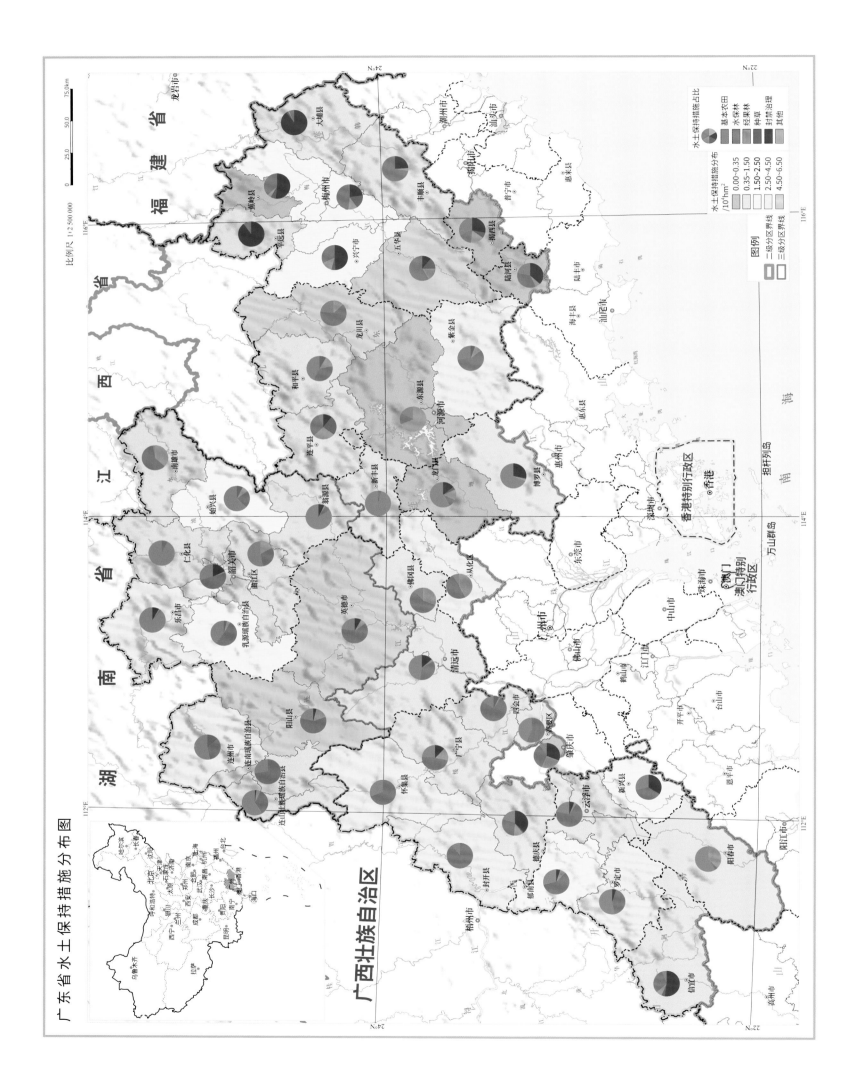

广东省水土保持措施分布图

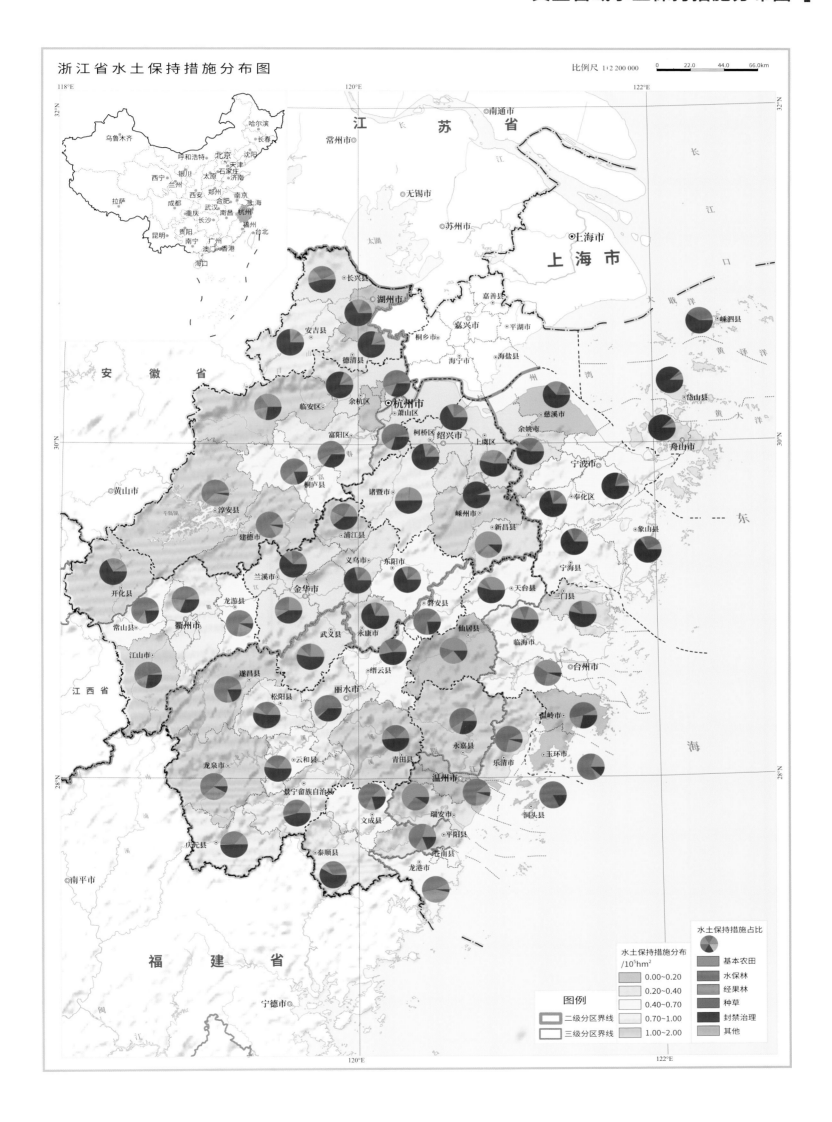

浙江省水土保持措施分布图

比例尺 1:2 200 000

图例

二级分区界线
三级分区界线

水土保持措施分布
/10⁵hm²

水土保持措施占比

基本农田
水保林
经果林
种草
封禁治理
其他

红壤区
土壤侵蚀地图集

江西省水土保持措施分布图

比例尺 1:2 300 000

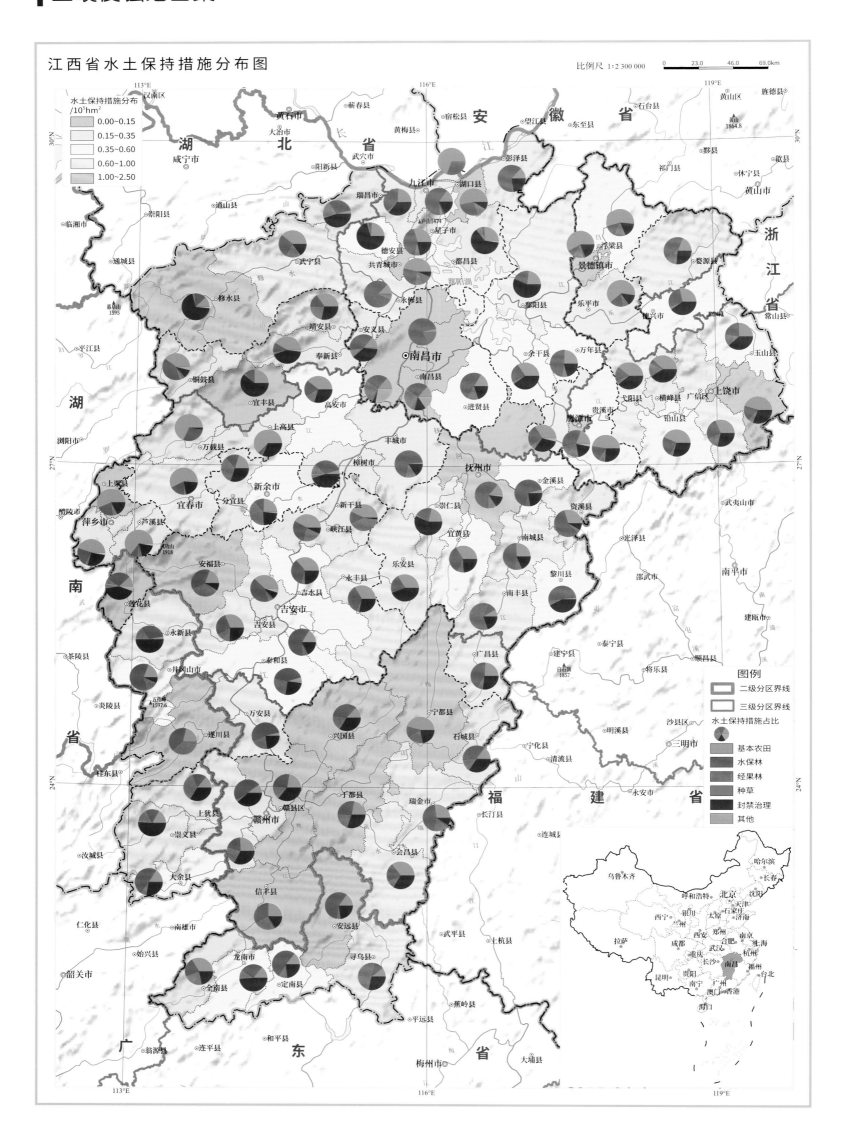

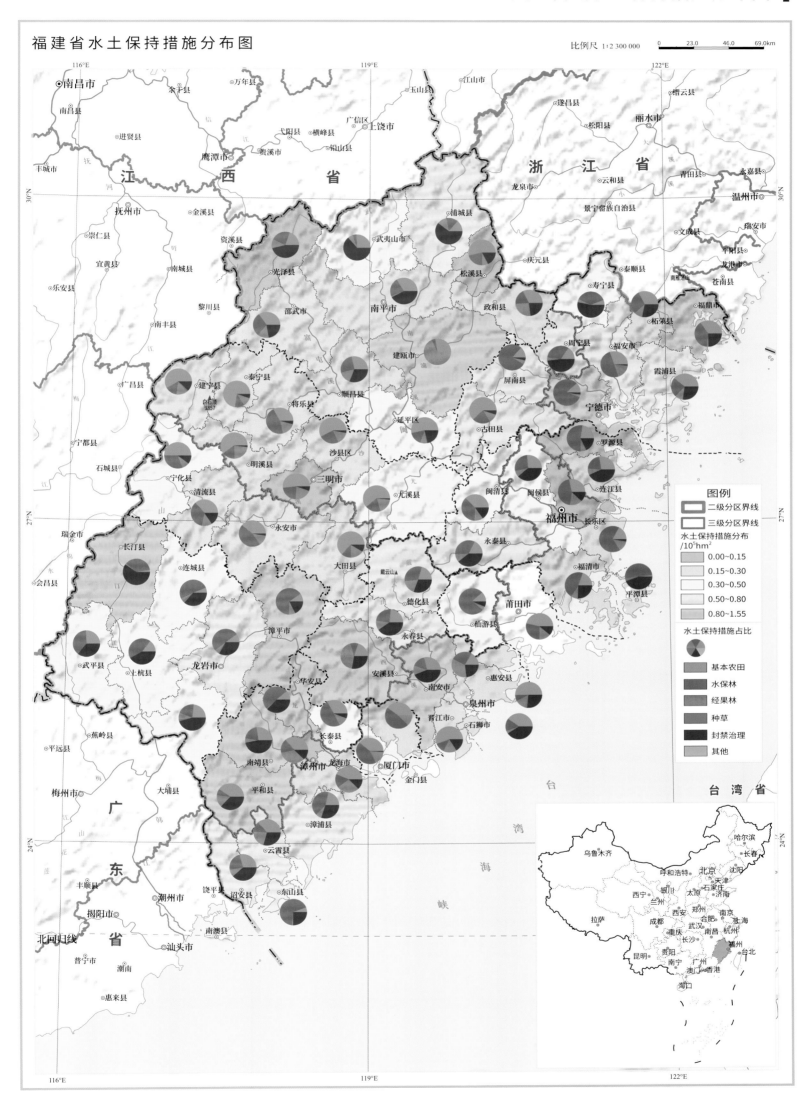

福建省水土保持措施分布图

比例尺 1:2 300 000

红壤区
土壤侵蚀地图集

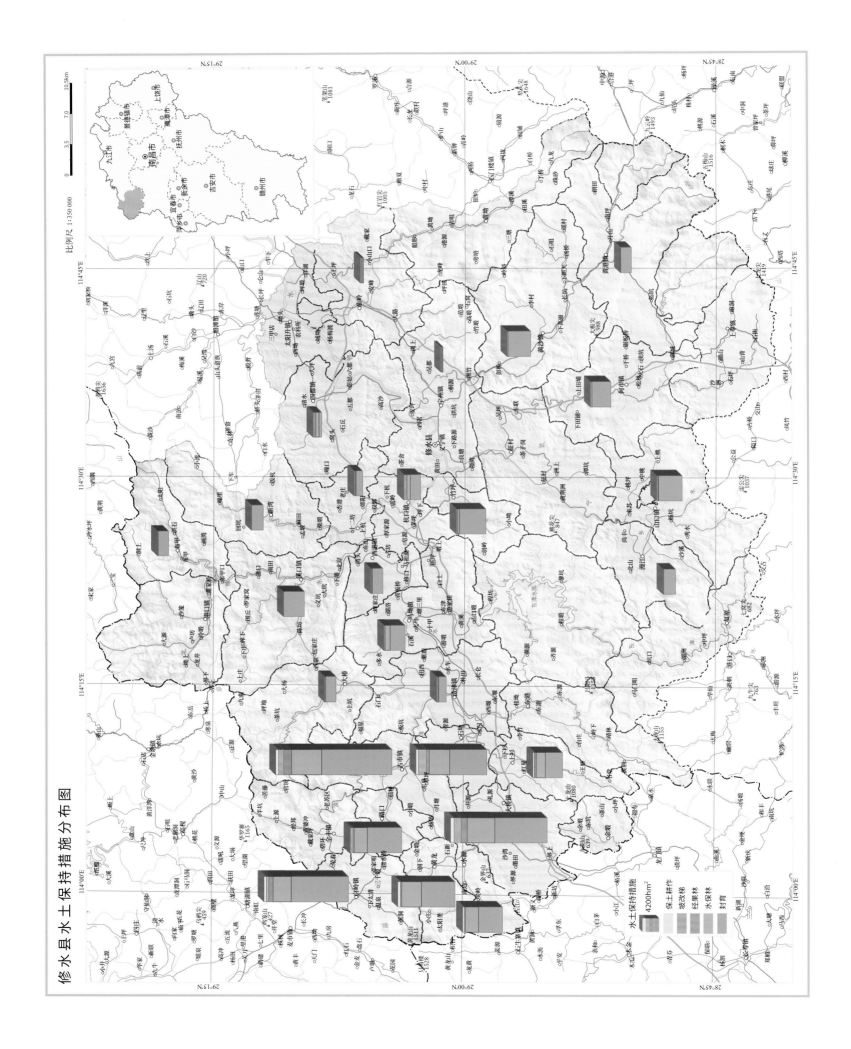

修水县水土保持措施分布图

宁都县水土保持措施分布图

比例尺 1:400 000

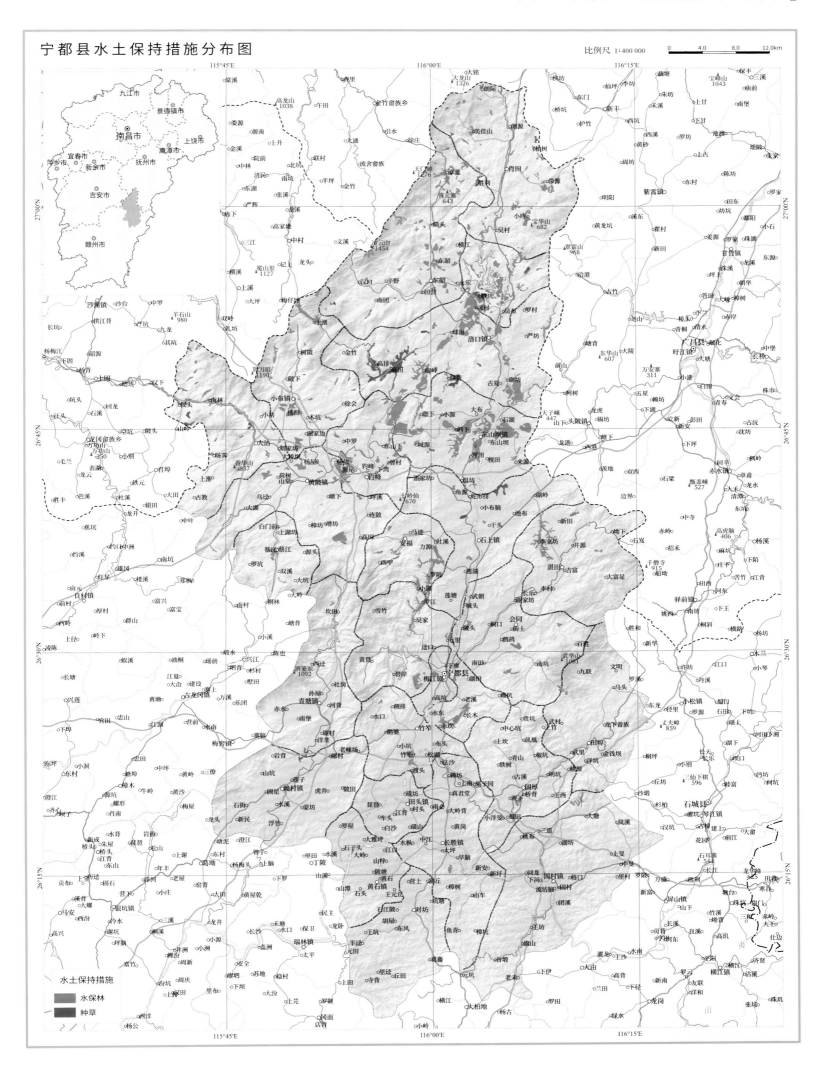

水土保持措施
- 水保林
- 种草

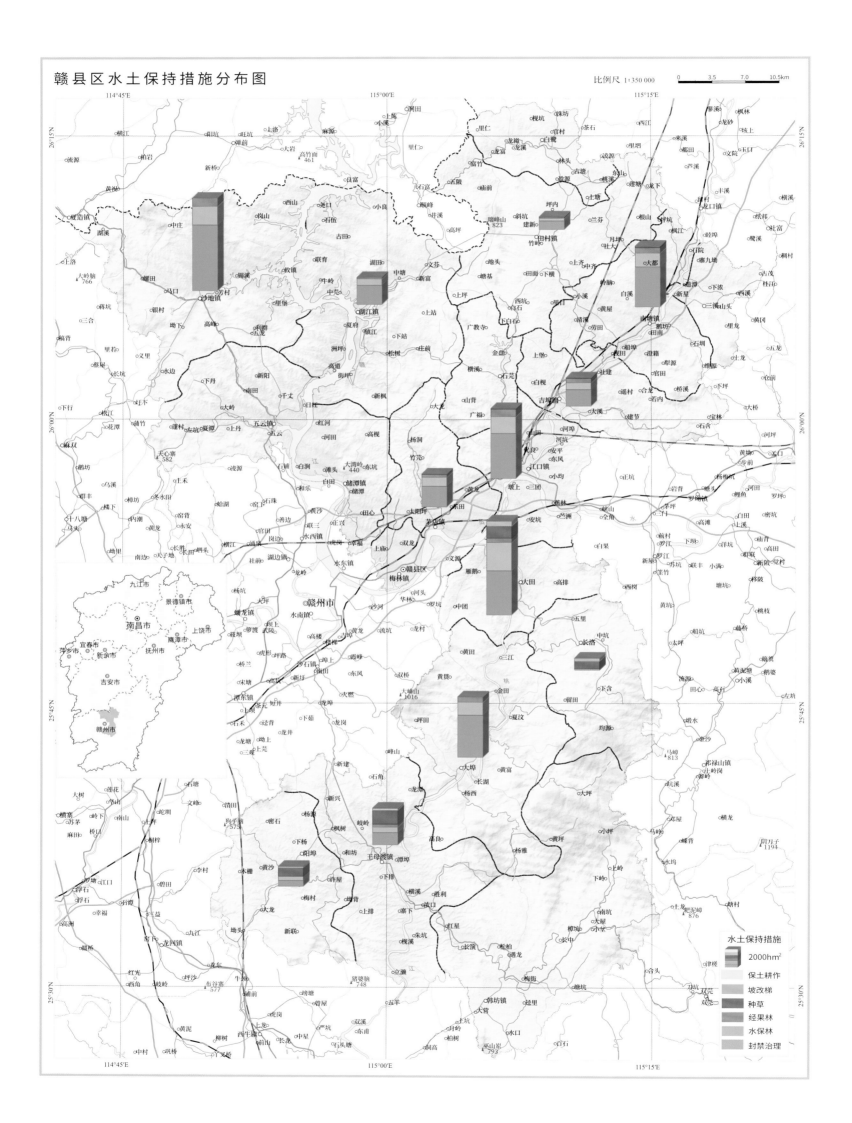

赣县区水土保持措施分布图

比例尺 1:350 000

水土保持措施

2000hm²

保土耕作
坡改梯
种草
经果林
水保林
封禁治理

五华县水土保持措施分布图

比例尺 1:350 000

水土保持措施
水保林
种草

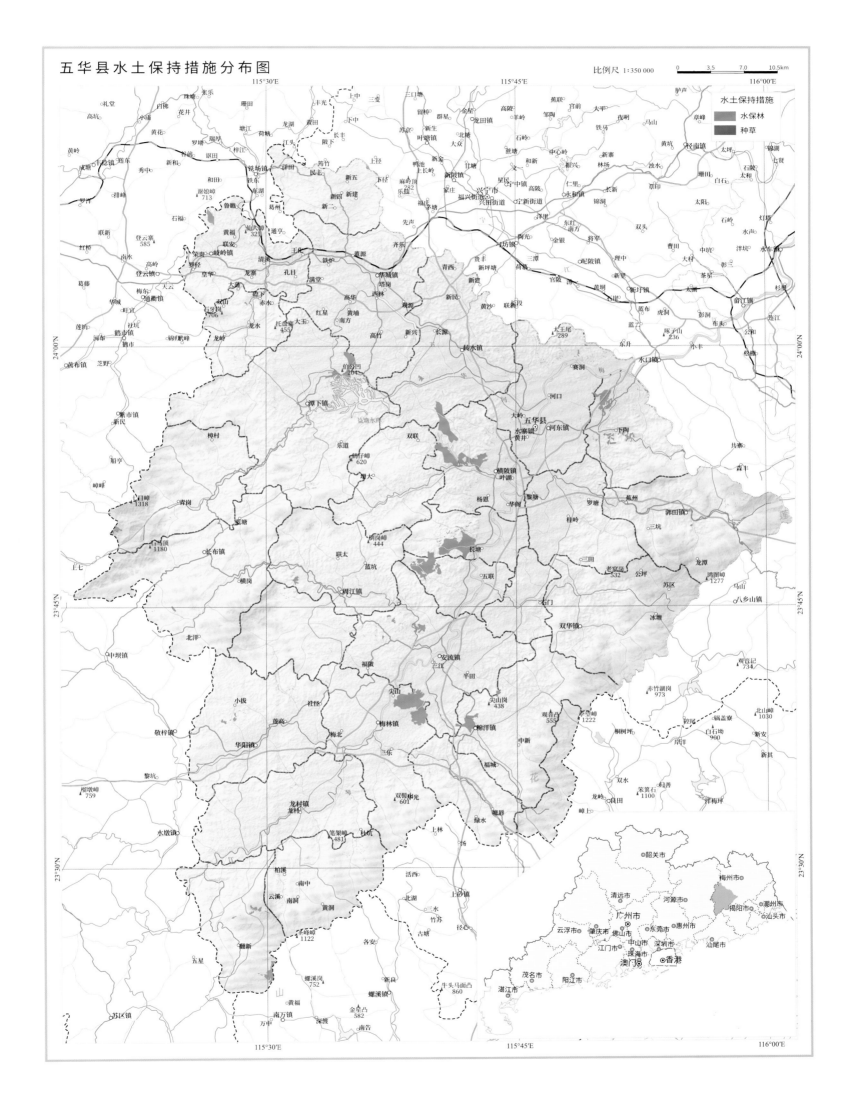

红壤区

土壤侵蚀地图集

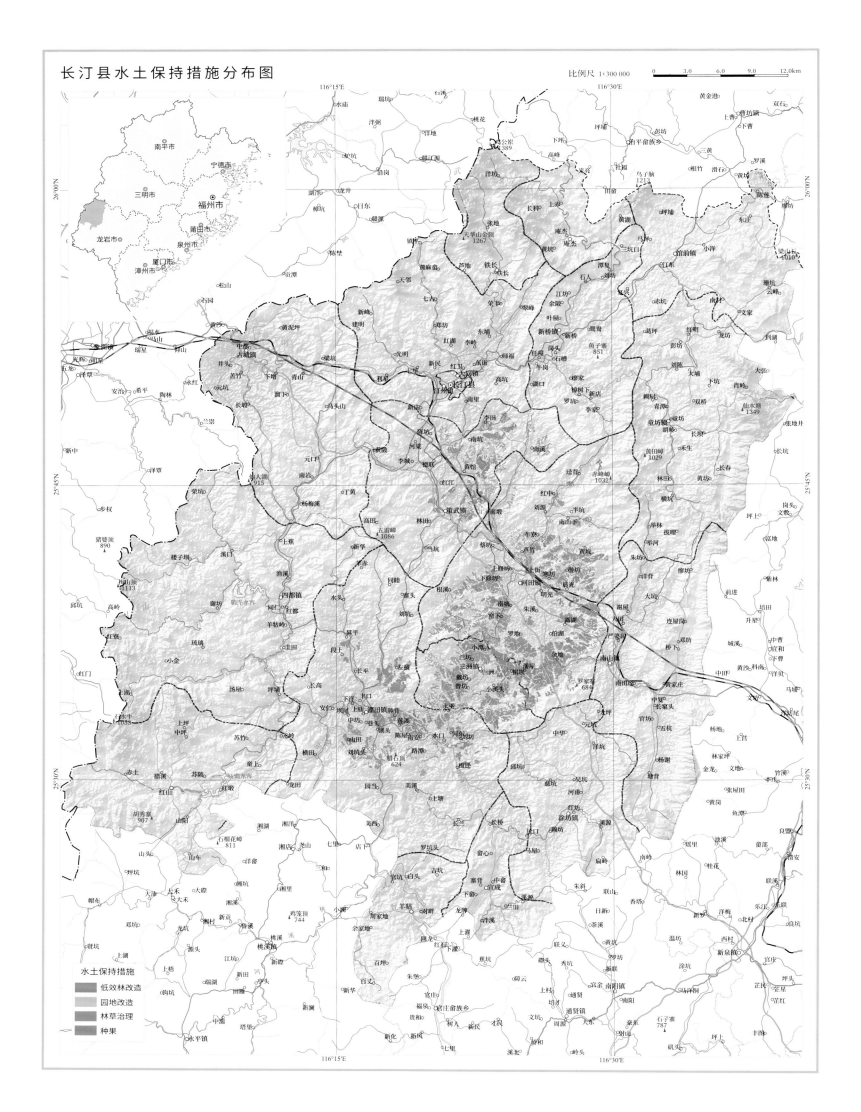

长汀县水土保持措施分布图

比例尺 1:300 000

水土保持措施
- 低效林改造
- 园地改造
- 林草治理
- 种果

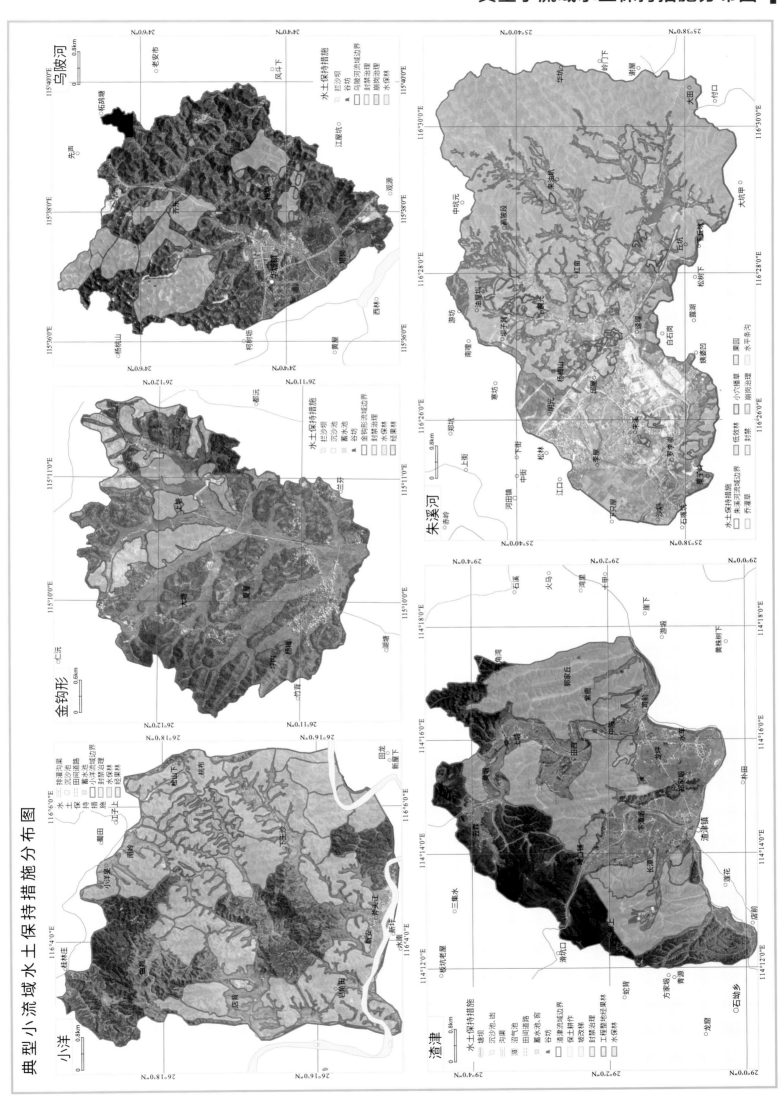

典型小流域水土保持措施分布图

第四部分

水土流失防控区划图组

说　明

　　水土流失防控区划是在区域水土流失成因、驱动力及特点的基础上，全面评价水土流失对社会经济发展和生态环境质量的影响，以期为水土保持措施的布设乃至生产发展方向布局提供科学依据。因此，衔接全国水土保持三级区划，构建基于"压力-状态-响应"（pressure-state-response，PSR）模型的水土流失防控区划指标体系概念框架，利用模型的三个维度分别反映生态系统对水土保持的需求、依据和适应。其中压力代表外界对生态环境的扰动，状态指生态环境现状，响应指生态系统对外界扰动的反馈。人类活动和自然因素的空间异质性使土壤承受不同程度的压力（P），造成了现有水土流失空间分布情况（S），生态系统为适应水土流失现状，其服务功能结构发生了改变（R）。在该框架的基础上，针对县域和小流域尺度筛选指标，并分别采用三维分级法和 k 均值聚类算法处理后，生成各典型县域及典型小流域水土流失防控区划。本图集系统编制了南方红壤低山丘陵区典型县域以及典型小流域的水土流失防控区划图件。

1　水土流失防控区划指标体系概念框架

1.1　压力维度

　　压力维度采用水土流失敏感性（危险性）要素评价，由于自然环境差异和人类活动影响，不同区域发生土壤侵蚀的可能性有着明显差异。为了识别易形成土壤侵蚀的区域，评价土壤侵蚀对人类活动的敏感程度，针对小尺度区域自然环境特点及土壤侵蚀成因，选择了坡度、地表起伏度、沟壑密度、多年平均降水量、植被覆盖度、土地利用类型、人口密度、城镇化率和人均GDP作为待选指标，可根据不同尺度特点进行选择。

1.2　状态维度

　　状态维度对应土壤侵蚀态势，定量表征小流域内已发生的土壤侵蚀分布情况，对预防和治理土壤侵蚀，因地制宜地布设水土保持措施提供科学的指导。采用土壤侵蚀强度以表征研究区土壤侵蚀态势，其计算方法详见水土流失演变规律图组说明中土壤侵蚀量计算方法。

1.3　响应维度

　　响应维度旨在确定生态系统对外界扰动的自适应能力，因而引入生态系统服务要素。为了全面评价生态系统服务，我们将其分为9类功能：粮食生产、原材料生产、气体调节、气候调节、废物处理、生物多样性维护、提供审美价值、土壤形成和保护以及水文调节。建议采用基于单位面积价值当量因子的生态系统服务价值评估的方法，该方法数据需求少，操作简单，方法统一，适合对小尺度生态系统服务价值进行快速核算。最后利用熵权法计算各生态系统服务功能的权重，对生态系统服务价值进行综合评价。

2　县域尺度水土流失防控区划

　　在水土流失防控区划指标体系概念框架的基础上，针对县域尺度特点筛选各维度评价指标，并对各维度指标进行估算。水土流失危险性采用自然间断法分为低、中、高三类，并以1、2、3表示。土壤侵蚀态势根据中国水土流失分区方法，$E < 2.0$ 为低侵蚀指数区，$2.0 \leq E \leq 6.5$ 为中侵蚀指数区，$E > 6.5$ 为高侵蚀指数区，分别以A、B、C表示。生态服务价值则按照数值直方图中由低到高累计频数的30%、40%、30%分为低、中、高三类，以I、II、III表示。每一维度不同类型组合，共得到27种类型。再将27种类型划分为自然修复区、预防保护区、防治并重区、重点治理区四种类型，得到水土流失防控原始区划。

其中 A-1-I、A-1-II、A-1-III、A-2-III、B-1-III 为自然修复区，表现为水土流失危险性不高，土壤侵蚀强度不大或生态系统服务功能较强。A-2-I、B-1-I、A-2-II、B-1-II、B-2-III 为预防保护区，特征是水土流失危险性高但流失情况尚不严重，或流失情况已引起注意但危险性低，或是当地的生态系统服务功能较强，可以修复部分侵蚀区。B-2-I、A-3-II、B-2-II、C-1-II、A-3-III、C-1-III 为防治并重区，区内水土流失危险性与土壤侵蚀强度介于预防保护区和重点治理区之间，该区域应采取预防与治理措施协同应对水土流失问题。A-3-I、B-3-I、C-1-I、C-2-I、C-3-I、B-3-II、C-2-II、C-3-II、B-3-III、C-2-III、C-3-III 为重点治理区，区内的水土流失危险性和土壤侵蚀态势至少有一项极强。

利用生态红线对得到的水土流失防控区划进行调整，根据生态红线一类管控区与二类管控区的管控要求，将一类管控区划分为自然修复区，二类管控区作降级处理，减少人为干预。以乡镇为基本单元统计调整，面积占比最大的类型则定义为该乡镇的水土保持区划类型，并进行可视化处理，通过综合制图，得到最终的水土流失防控区划结果图。

3 小流域尺度水土流失防治分区

在水土流失防控区划指标体系概念框架的基础上，针对小流域尺度特点筛选各维度评价指标。以像元为基本评价单元，计算区划范围内各单元的三维数值。由于小流域尺度水土流失防治分区的设置旨在直接指导水土保持措施的布设，呈现基本单元小、数据量大的特征，故采用自下而上的聚类算法划定分区。现有聚类算法种类繁多、体系复杂，需要依据分区原则制定评价方案，对不同分区方法所得结果进行对比。选择轮廓系数、香农多样性指数、周长 - 面积分维指数分别从聚散性、多样性和形状复杂性来评价三种常用聚类算法（k 均值聚类算法、自组织映射算法、迭代自组织数据分析算法）所得的分区结果。结果表明对于朱溪河、渣津、小洋、乌陂河和金钩形五个典型小流域，k 均值聚类算法分区结果最优且易于操作和推广，适用于小流域水土流失防治分析。

利用聚类算法所得方案的分区边界复杂、形状破碎，不利于后期水土保持措施布设与落实。因而对分区结果进一步处理，平滑边界、去除碎屑图斑，并进行可视化处理，通过综合制图，得到最终的水土流失防控区划结果图。

红壤区
土壤侵蚀地图集

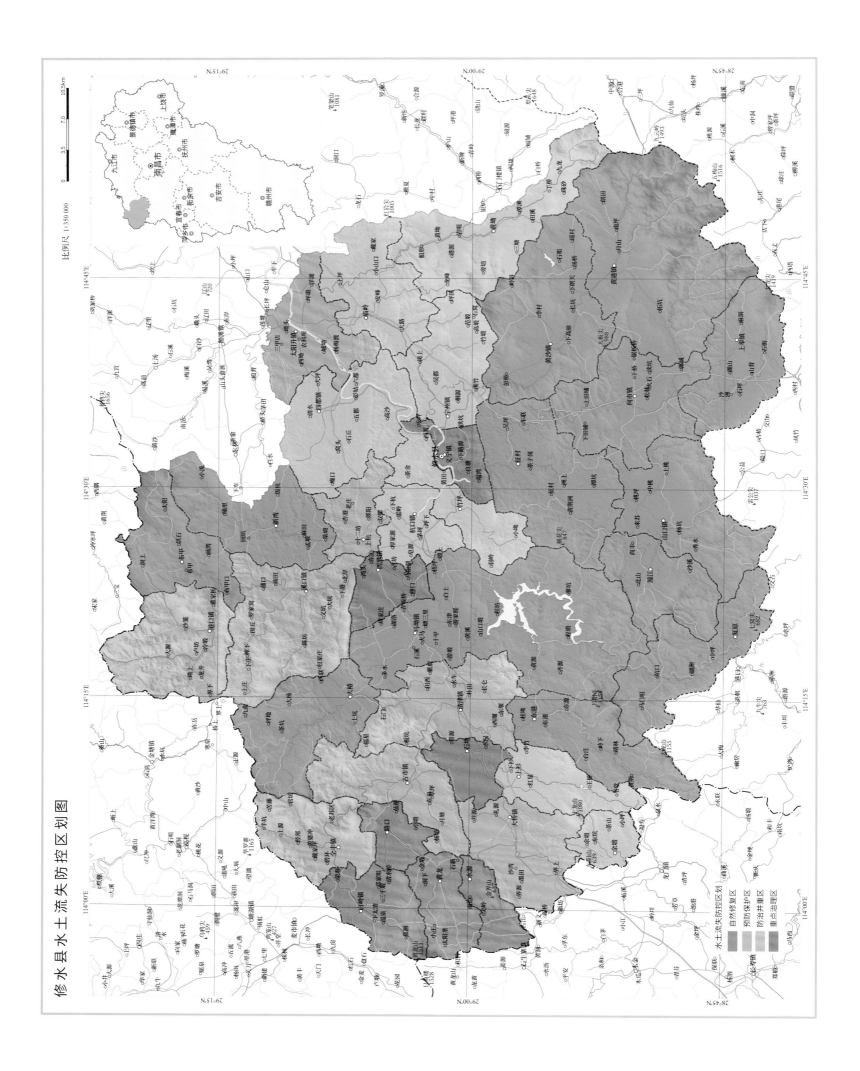

修水县水土流失防控区划图

比例尺 1:350 000

宁都县水土流失防控区划图

比例尺 1:400 000

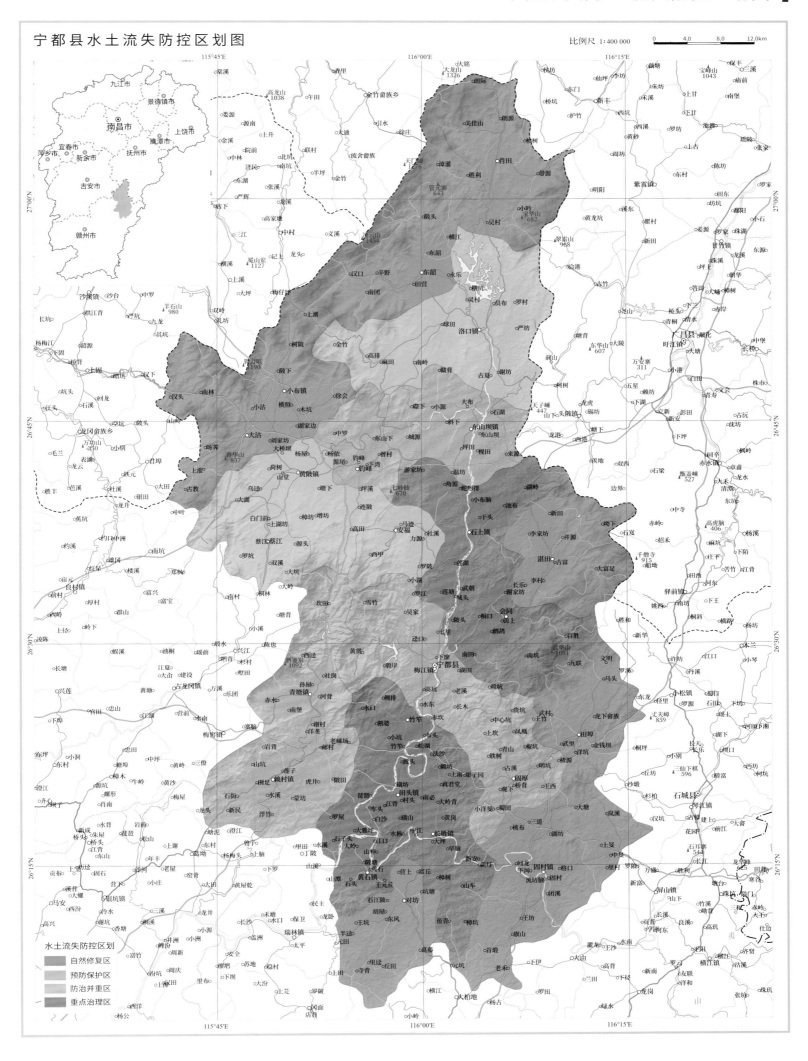

水土流失防控区划
- 自然修复区
- 预防保护区
- 防治并重区
- 重点治理区

赣县区水土流失防控区划图

比例尺 1:350 000

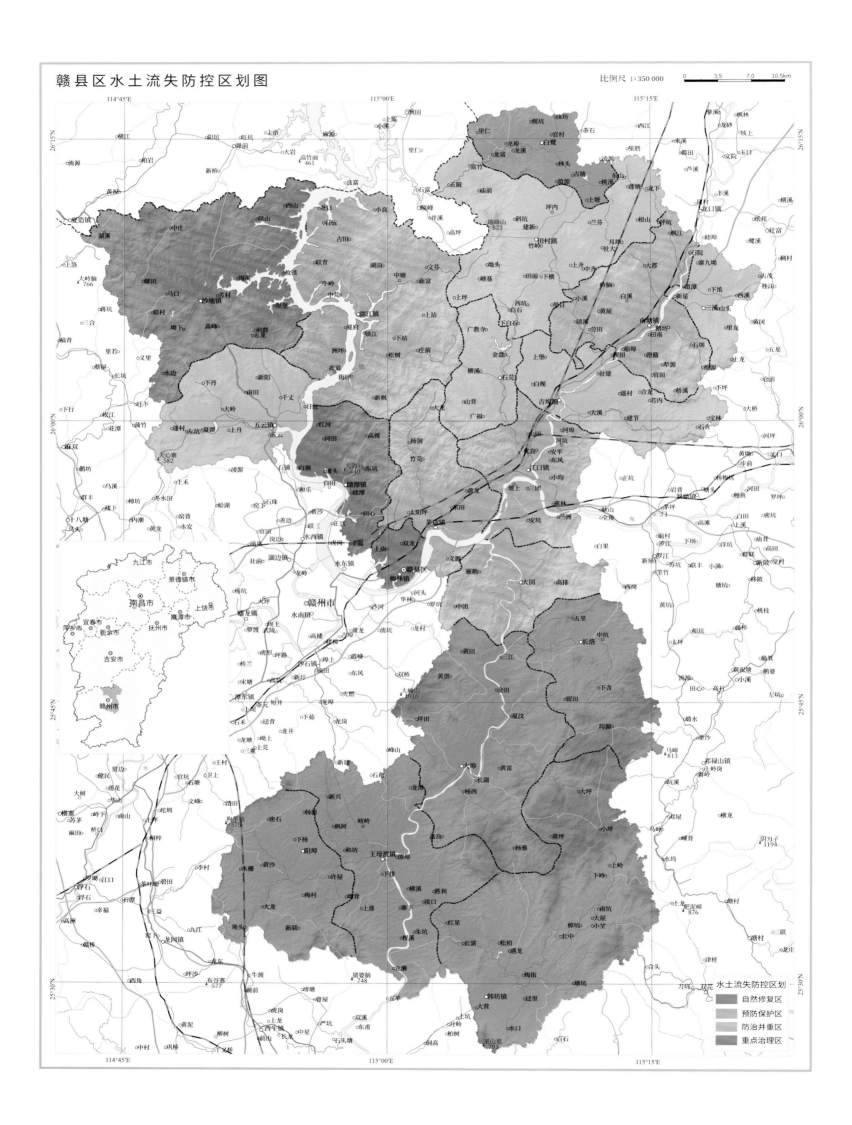

水土流失防控区划
自然修复区
预防保护区
防治并重区
重点治理区

五华县水土流失防控区划图

比例尺 1:350 000

水土流失防控区划
自然修复区
预防保护区
防治并重区
重点治理区

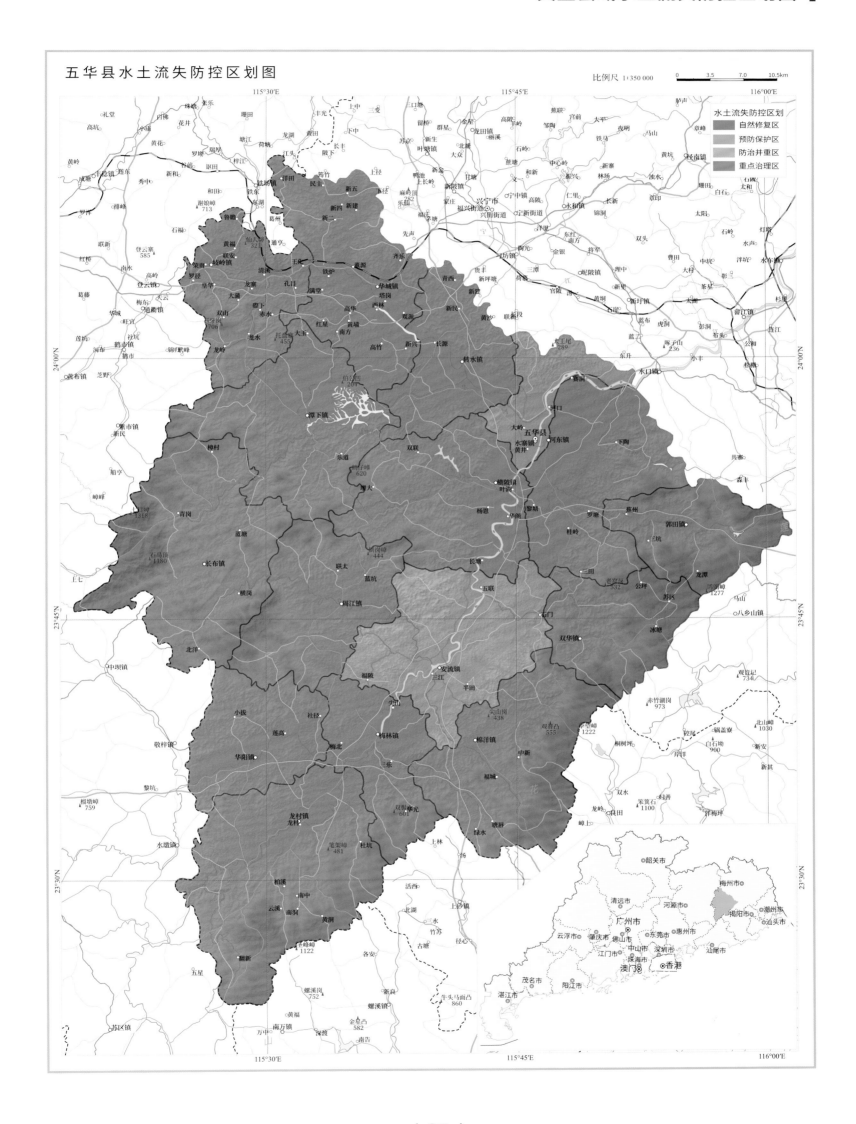

红壤区
土壤侵蚀地图集

长汀县水土流失防控区划图

比例尺 1:240 000

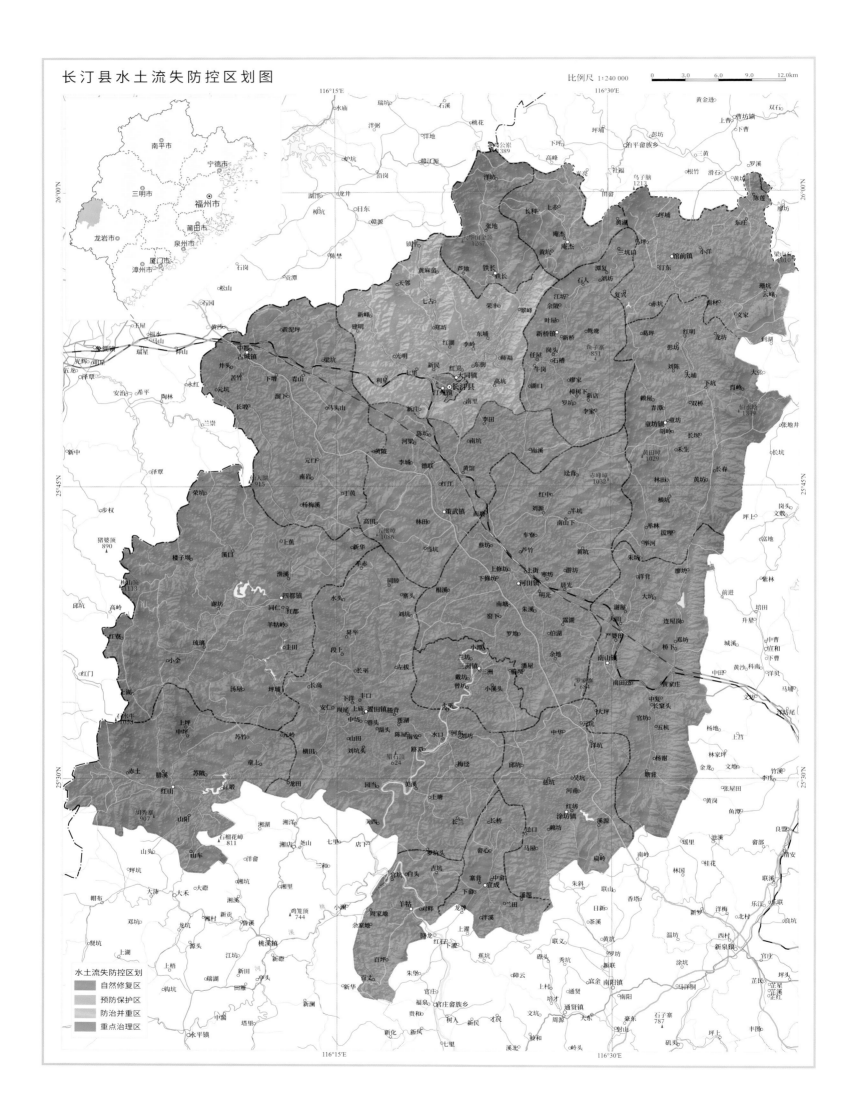

水土流失防控区划
- 自然修复区
- 预防保护区
- 防治并重区
- 重点治理区

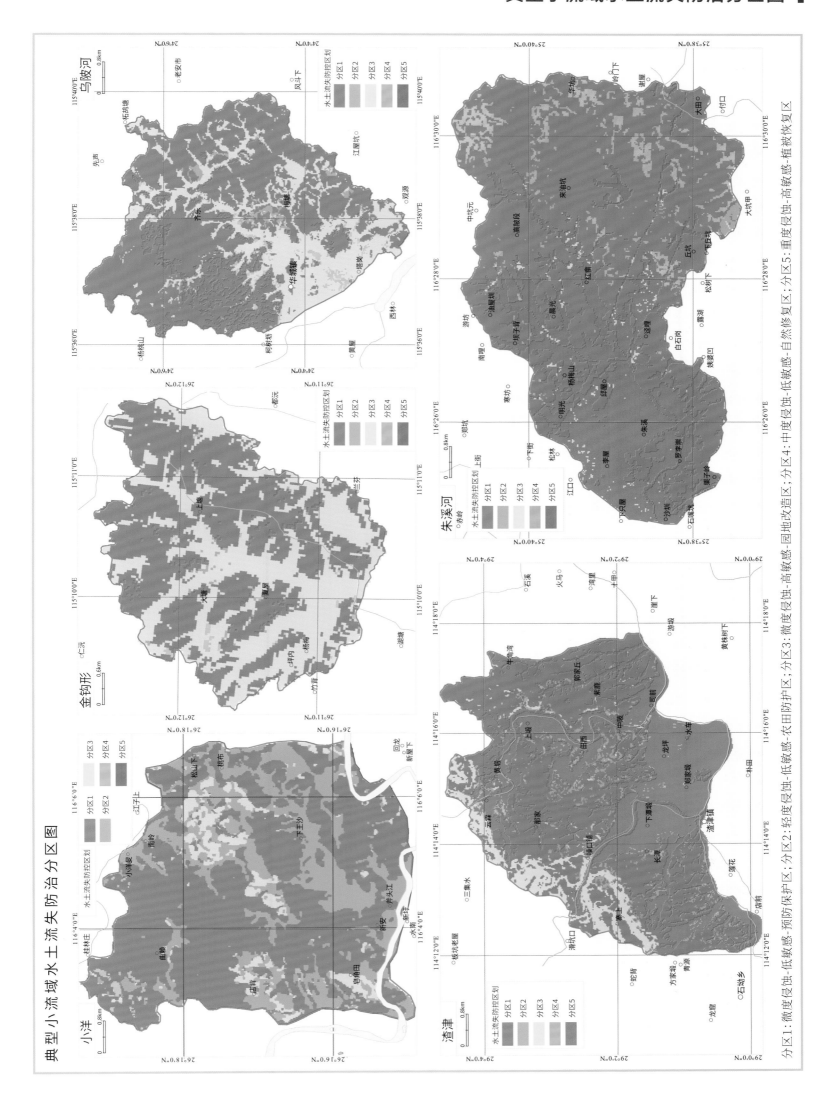

典型小流域水土流失防治分区图

分区1：微度侵蚀-低敏感-预防保护区；分区2：轻度侵蚀-低敏感-农田防护区；分区3：微度侵蚀-高敏感-园地改造区；分区4：中度侵蚀-高敏感-自然修复区；分区5：重度侵蚀-高敏感-植被恢复区